中国技能大赛——"松大杯"全国中央空调系统职业
技能竞赛配套指导书

中央空调系统运行操作员
实训指导书

主　编　韩嘉鑫
副主编　刘总路　张彦礼

中国建筑工业出版社

图书在版编目(CIP)数据

中央空调系统运行操作员实训指导书/韩嘉鑫主编.
北京:中国建筑工业出版社,2016.10
中国技能大赛——"松大杯"全国中央空调系统职业
技能竞赛配套指导书
ISBN 978-7-112-19912-9

Ⅰ.①中… Ⅱ.①韩… Ⅲ.①集中空气调节系统-运
行 Ⅳ.①TU831.3

中国版本图书馆 CIP 数据核字(2016)第 225533 号

本书依据国家中央空调系统运行操作员职业技能标准而编写,贯彻以能力
为本,融知识、技能一体化,突出"安装"、"调试"、"维护"、"管理"等技能训练内
容,以培养高级技术中央空调系统运行操作员为目的。

本书内含大量 Flash、3D 动画、3D 仿真、视频等资源内容,结合先进的图像
扫码技术,充分运用互联网优势,学员通过扫描本书资源二维码即可查看设备的
三维模型、安装调试方式和相关知识,所有资源都可以在网页中直接下载或通过
二维码扫码方式在电脑、手机、平板上同步使用,真正打造一个全媒体全方位的
教学环境。

本书适用于建筑电气与智能化、建筑电气工程技术、建筑设备工程技术等专
业的师生,以及相关专业的技术工人。

责任编辑:朱首明 李 慧
责任校对:王宇枢 李欣慰

中国技能大赛——"松大杯"全国中央空调系统职业技能竞赛配套指导书
中央空调系统运行操作员实训指导书
主 编 韩嘉鑫
副主编 刘总路 张彦礼
*
中国建筑工业出版社出版、发行(北京西郊百万庄)
各地新华书店、建筑书店经销
北京佳捷真科技发展有限公司制版
廊坊市海涛印刷有限公司印刷
*
开本:787×1092毫米 1/16 印张:11¼ 插页:1 字数:278千字
2016 年 10 月第一版 2016 年 10 月第一次印刷
定价:32.00 元
ISBN 978-7-112-19912-9
(29421)

序

  为加快培养和选拔高技能人才，推动我国高技能人才队伍建设，人力资源社会保障部决定组织开展 2016 年中国技能大赛。根据大赛工作安排，中国建筑金属结构协会、中国建设教育协会和中国就业培训技术指导中心联合举办 2016 年中国技能大赛——"松大杯"全国中央空调系统职业技能竞赛，《中央空调系统运行操作员实训指导书》就是 2016 年"松大杯"全国中央空调系统职业技能竞赛配套实训指导书。本书对集中式、半集中式中央空调系统竞赛实训设备进行系统全面地阐述；对竞赛实训操作内容进行了综合规划设计，突出工程实际操作训练，淡化理论说教，书中内容既注重系统设备的安装、调试和维护，又注重实际工程的环保、应用设计与管理。本书针对本专业教学实践、课程设计、毕业设计编写的实训指导书，具有强大的实用性。

  本书依据国家中央空调系统运行操作员职业技能标准编写，贯彻以能力为本，融知识、技能一体化，突出"安装"、"调试"、"维护"、"管理"等技能训练内容，以培养高级技术中央空调系统运行操作员为目的。

  本书还是 MOOC 全媒体教材，结合时下流行的图像扫码技术，充分运用互联网优势。学员通过扫描设备或者书中的二维码即可查看相关设备、系统的三维模型或安装调试方式等知识，书中含大量 FLASH、3D 动画、3D 仿真、视频等资源内容。以往我们用文字图画都难于描述的工作场景、操作方法，现在都能通过视频、3D 动画来展示。这种方法丰富了课程的教学内容、还原真实场景，将原本枯燥的教材带入一个栩栩如生的多媒体世界。书中所有资源都可以在网页中直接下载或通过二维码扫码方式在电脑、手机、平板上同步使用，真正打造一个全媒体全方位的教学环境，使学生告别传统乏味的学习过程。

  松大全媒体教材还提供在线增值服务，为学习者打造一个互动交流的良好学习环境。全媒体资源更新服务实现学习内容资源的更新提醒；学习过程服务则实现了课程推送、在线答疑及作业考核等互动功能；在增值服务讨论区中能查询课程基本信息、交流课程作业、反馈使用问题。松大的 MOOC 全媒体教材，致力成为老师备课、上课，学生学习、知识应用最好的伙伴。

目　　录

多媒体知识点目录

续表

序号	章	节	码号	资源名称	资源类型	页码
37			02.02.001	制冷设备维护模拟操作设备	3D模型	23
38			01.03.001	管钳工工作台	3D模型	23
39			01.03.004	活络扳手	3D模型	23
40			01.03.004	活络扳手	3D模型	23
41			01.03.006	平锉	3D模型	23
42			02.02.006	新棘轮式偏心扩孔器RCT-806	3D模型	24
43			02.02.007	制冷剂钢瓶	3D模型	24
44			02.02.008	旋片式真空泵	3D模型	24
45			02.02.009	干燥过滤器	3D模型	24
46			02.02.010	视液镜	3D模型	24
47			02.02.011	电磁阀(鸿森)	3D模型	24
48		3.2	02.02.012	内平衡热力膨胀阀	3D模型	25
49			02.02.013	压力真空表(高)	3D模型	25
50			02.02.014	压力真空表(低)	3D模型	25
51			02.02.015	复合修理阀	3D模型	25
52			02.02.016	导气管及接头	3D模型	25
53	第3章		01.03.015	钢板尺	3D模型	25
54			02.02.018	游标卡尺	3D模型	26
55			02.02.019	纳子	3D模型	26
56			02.02.020	更换电磁阀	视频	27
57			02.02.021	更换干燥过滤器	视频	27
58			02.02.022	更换热力膨胀阀	视频	27
59			02.02.023	更换视液镜	视频	27
60			02.02.024	更换真空压力表	视频	27
61			02.03.001	ST-2000C中央空调MOOC互联网＋综合实训系统	三维仿真	29
62			02.02.007	制冷剂钢瓶	3D模型	29
63			02.02.008	旋片式真空泵	3D模型	29
64			02.02.016	导气管及接头	3D模型	29
65		3.3	02.03.005	电子秤	3D模型	30
66			01.03.004	活络扳手	3D模型	30
67			01.03.004	活络扳手	3D模型	30
68			02.02.015	复合修理阀	3D模型	30
69			02.03.009	回收制冷剂	视频	31
70			02.03.010	充注制冷剂	视频	31
71		3.4	02.04.001	任务解析	网页	32

序号	章	节	码号	资源名称	资源类型	页码
72			02.03.001	ST-2000C 中央空调 MOOC 互联网＋综合实训系统	三维仿真	35
73			03.02.002	开关电源	3D 模型	35
74			03.02.003	启动按钮	3D 模型	35
75			03.02.004	停止按钮	3D 模型	35
76			03.02.005	星-角切换按钮	3D 模型	35
77			03.02.006	中间继电器	3D 模型	36
78		4.2	03.02.007	运行指示灯	3D 模型	36
79			03.02.008	停止指示灯	3D 模型	36
80			03.02.009	星-角切换指示灯	3D 模型	36
81			03.02.010	ZR-RV(0.5)	3D 模型	36
82			03.02.011	大一字螺丝刀	3D 模型	37
83			03.02.012	剥线钳	3D 模型	37
84			03.02.013	万用表(电子)	3D 模型	37
85	第 4 章		03.02.014	手动切换星-三角控制接线	视频	37
86			02.03.001	ST-2000C 中央空调 MOOC 互联网＋综合实训系统	三维仿真	41
87			03.02.002	开关电源	3D 模型	41
88			03.02.003	启动按钮	3D 模型	41
89			03.02.004	停止按钮	3D 模型	41
90			03.03.005	时间继电器	3D 模型	42
91			03.02.006	中间继电器	3D 模型	42
92		4.3	03.02.007	开启指示灯	3D 模型	42
93			03.02.008	停止指示灯	3D 模型	42
94			03.02.009	星-角切换指示灯	3D 模型	42
95			03.02.010	ZR-RV(0.5)	3D 模型	42
96			03.02.011	大一字螺丝刀	3D 模型	43
97			03.02.012	剥线钳	3D 模型	43
98			03.02.013	万用表(电子)	3D 模型	43
99			03.03.014	自动切换星-三角控制接线	视频	43
100		4.4	03.04.001	任务解析	网页	46

序号	章	节	码号	资源名称	资源类型	页码
101			04.02.001	管理电脑	3D 模型	58
102			04.02.002	触摸显示器	3D 模型	59
103		5.2	04.02.003	鼠标	3D 模型	59
104			04.02.004	键盘	3D 模型	59
105	第5章		04.02.005	PLC 程序编写仿真	视频	61
106			04.02.001	管理电脑	3D 模型	68
107			04.02.002	触摸显示器	3D 模型	68
108		5.3	04.02.003	鼠标	3D 模型	68
109			04.02.004	键盘	3D 模型	68
110			04.03.005	PLC 程序改错运行	视频	71
111		5.4	04.04.001	任务解析	网页	74
112		6.1	02.03.001	ST-2000C 中央空调 MOOC 互联网＋综合实训系统	三维仿真	75
113			05.02.001	中央空调集成控制管理系统	三维仿真	75
114			04.02.001	管理电脑	3D 模型	83
115			05.02.003	FX3CU-64MT	3D 模型	83
116			05.02.004	FX2N-8AD	3D 模型	83
117			05.02.005	FX3U-4DA	3D 模型	83
118		6.2	05.02.006	FR-F740-0.75k	3D 模型	84
119			05.02.007	USB-SC09-FX	3D 模型	84
120			05.02.008	FX3U-485-BD	3D 模型	84
121			04.02.002	触摸显示器	3D 模型	84
122			05.02.010	PLC 对扩展模块的设置和信号采集	视频	86
123	第6章		05.02.011	PLC 与变频器的通信设置和监控	视频	89
124			05.03.001	新建组态工程	视频	94
125			04.02.001	管理电脑	3D 模型	128
126			04.02.002	触摸显示器	3D 模型	129
127		6.3	04.02.003	鼠标	3D 模型	129
128			04.02.004	键盘	3D 模型	129
129			02.03.001	ST-2000C 中央空调 MOOC 互联网＋综合实训系统	三维仿真	129
			05.03.007	空调组态的运行调试及修改	视频	129
130			01.01.009	冷水机组	3D 模型	138
131			05.04.002	歧管仪	3D 模型	138
132		6.4	05.04.003	数字式温湿度计	3D 模型	138
133			05.04.004	数字钳形表	3D 模型	138
134			01.03.004	活络扳手	3D 模型	138
135			05.04.006	集中式中央空调系统	三维仿真	141

序号	章	节	码号	资源名称	资源类型	页码
136	第6章	6.4	01.01.001	半集中式中央空调系统	三维仿真	141
137			02.03.001	ST-2000C 中央空调 MOOC 互联网＋综合实训系统	三维仿真	142
138			05.04.009	热敏式风速仪	3D 模型	142
139			05.04.003	数字式温湿度计	3D 模型	142
140			05.04.011	大气压力计	3D 模型	142
141			05.04.012	倾斜式微压计	3D 模型	142
142			05.04.004	数字钳形表	3D 模型	142
143			01.03.004	活络扳手	3D 模型	143
144			05.04.015	十字螺丝刀	3D 模型	143
145			01.03.015	钢板尺	3D 模型	143
146		6.5	05.05.001	任务解析	网页	144
147	附录2		附2.01	理论试题参考答案	网页	145

二维码使用帮助：

多媒体资源目录中所有知识点在书中相应位置都设有二维码，读者可以通过扫描封底二维码下载松大 MOOC APP，注册登录成功后，打开软件扫码功能在附有二维码的地方进行扫描识别，即可查看并获取资源。

第1章 ST-2000C 中央空调 MOOC 互联网＋综合实训系统

1.1 主设备说明

ST-2000C 中央空调 MOOC 互联网＋综合实训系统主设备，包括三部分：一套中央空调系统（含集中式空调系统、空调冷源系统、集成管理系统、电气控制考核系统）；如图 1-1 所示，包括中央空调系统和智能控制系统。作为 2016 年中国技能大赛——"松大杯"全国中

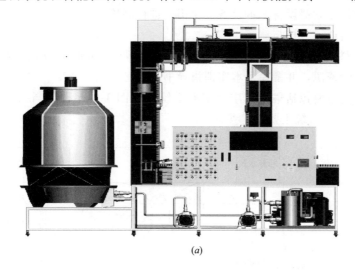

(a)

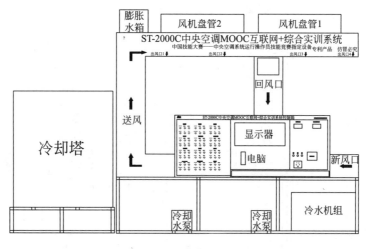

(b)

图 1-1 ST-2000C 中央空调 MOOC 互联网＋综合实训系统主设备图
（a）主设备 3D 仿真截图；（b）主设备正视图

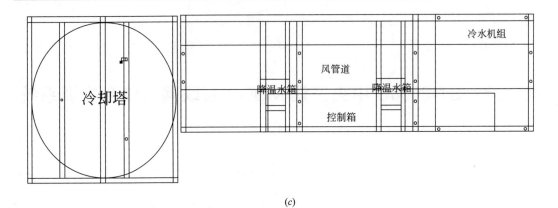

（c）

图 1-1 ST-2000C 中央空调 MOOC 互联网＋综合实训系统主设备图（续）

（c）主设备俯视图

央空调系统职业技能竞赛设备，本设备主要用来进行制冷设备维护、调试、控制、管理等一系列实际操作实训、考核与竞赛。

深圳市松大科技有限公司针对 ST-2000C 中央空调 MOOC 互联网＋综合实训系统开发了配套网络教学资源，并撰写了本实训指导书。

中央空调系统主要包括集中式中央空调系统（如图 1-2 所示）、半集中式中央空调系统（如图 1-3 所示）；系统主要技术参数：

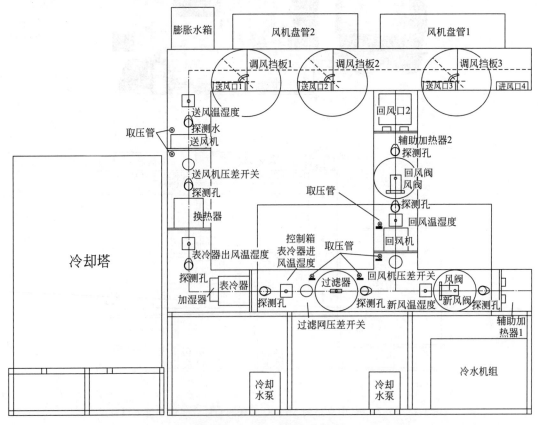

图 1-2 集中式中央空调系统

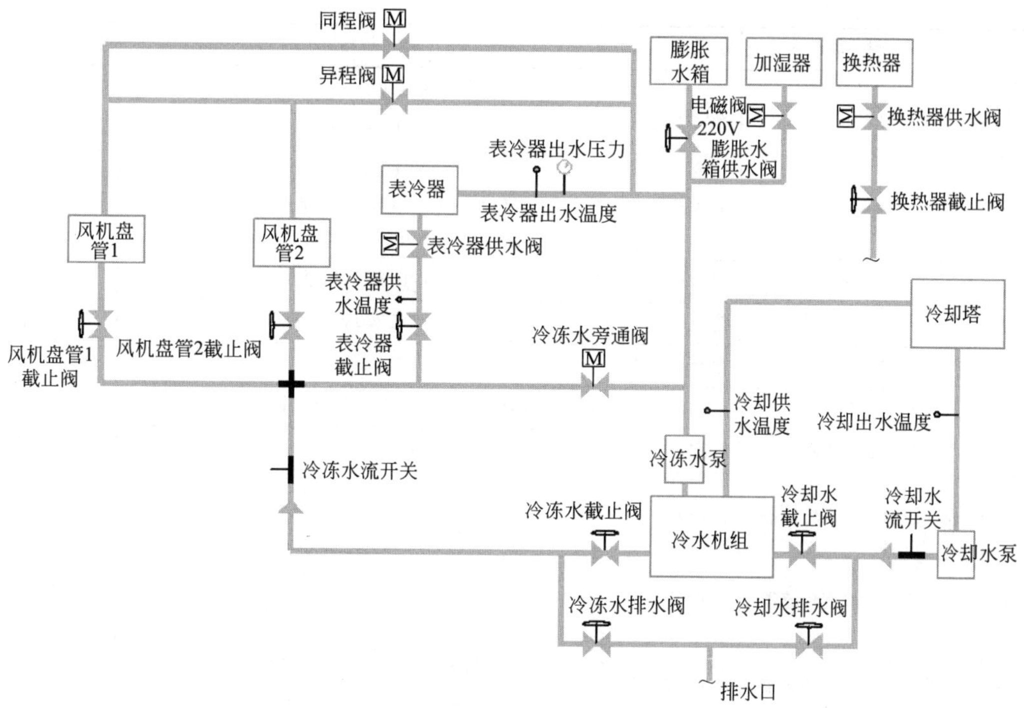

图 1-3　半集中式中央空调系统

电源：三相五线，AC 380V±10%，50Hz；

最大输入总功率：8kW；

制冷额定功率：2.3kW；

制冷剂：R22；

外形尺寸：4m×2.5m×3m；

安全保护措施：具有过压、过载、漏电、防爆四种保护措施，符合国家相关标准。

集中式中央空调系统设备清单　　**表 1-1**

序号	器材名称	品牌	器材规格	数量	单位
1	风管道总成	松大	风管道内径 270mm×270mm 风阀叶片 267mm×267mm	1	套
2	散流器	国产	开口 200mm×200mm,外径小于 270mm	5	个
3	滤尘网压差开关	柏斯顿	50～500Pa	1	个
4	新风阀	浒江	AC/DC24V,2N·M,控制反馈信号 0～10V	1	个
5	回风阀	浒江	AC/DC24V,2N·M,控制反馈信号 0～10V	1	个
6	送风机压差开关	柏斯顿	50～500Pa,送风回风	1	个
7	回风机压差开关	柏斯顿	50～500Pa,送风回风	1	个
8	新风温湿度传感器	上海乐都	DC24V,测温范围－20～80℃, 湿度 0～100%,反馈 0～10V	1	个
9	送风温湿度传感器	上海乐都	DC24V,测温范围－20～80℃, 湿度 0～100%,反馈 0～10V	1	个

续表

序号	器材名称	品牌	器材规格	数量	单位
10	回风温湿度传感器	上海乐都	DC24V,测温范围-20~80℃, 湿度0~100%,反馈0~10V	1	个
11	回风机	上海巴尔	AC220V 高速2800r/min,风量800m³/h; 低速高速1930r/min,风量500m³/h	1	个
12	送风机	静静风	三相380V,2600r/min,风量1080m³/h	1	个
13	湿膜加湿器	德州奥鑫	AC220V	1	个
14	表冷器	德州奥鑫	DN20	1	个
15	表冷器电磁阀	浙江	AC/DC24V,4N·M,DN20,控制反馈信号0~10V	1	个
16	表冷器截止阀	国产	手阀,DN20	1	个
17	表冷器供水温度传感器	源诚	DC24V,测温范围0~100℃, 反馈4~20mA,英制DN20	1	个
18	表冷器回水温度传感器	源诚	DC24V,测温范围0~100℃, 反馈4~20mA,英制DN20	1	个
19	表冷器出水压力传感器	源诚	DC24V,测压范围0~1.0MPa, 反馈4~20mA,英制DN20	1	个
20	表冷器进风温湿度传感器	上海乐都	AC/DC24V,2N·M,控制反馈信号0~10V	1	个
21	表冷器出风温湿度传感器	上海乐都	AC/DC24V,2N·M,控制反馈信号0~10V	1	个
22	换热器	德州奥鑫	DN20	1	个
23	换热器电磁阀	浙江	AC/DC24V,4N·M,DN20,控制反馈信号0~10V	1	个
24	换热器截止阀	国产	手阀,DN20	1	个
25	辅助加热器1a	颐都电子	220V,300W,带温度保护	1	个
26	辅助加热器1b	颐都电子	220V,300W,带温度保护	1	个
27	辅助加热器2a	颐都电子	220V,300W,带温度保护	1	个
28	辅助加热器2b	颐都电子	220V,300W,带温度保护	1	个

半集中式中央空调系统设备清单 表1-2

序号	器材名称	品牌	器材规格	数量	单位
1	水系统支架	松大	30×30方钢支架	1	套
2	膨胀水箱	松大	定制270mm×270mm×270mm	1	个
3	膨胀水箱截止阀	国产	手阀,DN20	2	个
4	冷水机组	中澳	三相380V,3匹	1	套
5	冷冻水泵	青霄	三相380V,DN25,转速2850r/min	1	台
6	冷冻水旁通阀	浙江	AC/DC24V,4N·M,DN20,控制反馈信号0~10V	1	个
7	风机盘管	德州奥鑫	220V,二管制,风量:高360m³/h; 中260m³/h;低170m³/h	2	个
8	同程电磁阀	浙江	AC/DC24V,4N·M,DN20,控制反馈信号0~10V	1	个

续表

序号	器材名称	品牌	器材规格	数量	单位
9	风机盘管截止阀	国产	手阀，$DN20$	2	个
10	异程电磁阀	浙江	AC/DC24V，4N·M，$DN20$，控制反馈信号 0～10V	1	个
11	冷却塔	国产	三相 380V，冷却能力 31150kcal/h	1	台
12	冷却水泵	青霄	220V 水泵，$DN25$	1	台
13	冷却水供水温度传感器	源诚	DC24V，测温范围 0～100℃，反馈 4～20mA，英制 $DN20$（6 分管）	1	个
14	冷却水回水温度传感器	源诚	DC24V，测温范围 0～100℃，反馈 4～20mA，英制 $DN20$（6 分管）	1	个
15	冷冻水流开关	伊莱科	$DN20$	1	个
16	冷却水流开关	伊莱科	$DN20$	1	个
17	冷却水截止阀	国产	手阀，$DN20$	2	个
18	排水截止阀	国产	手阀，$DN20$	2	个

　　智能控制系统通过 PLC 主机和扩展模块实现对中央空调系统的控制，其中 PLC 扩展模块通过采集中央空调系统中各类传感器信号，控制各种执行机构动作，实现对中央空调系统的智能化管理，如图 1-4 所示。

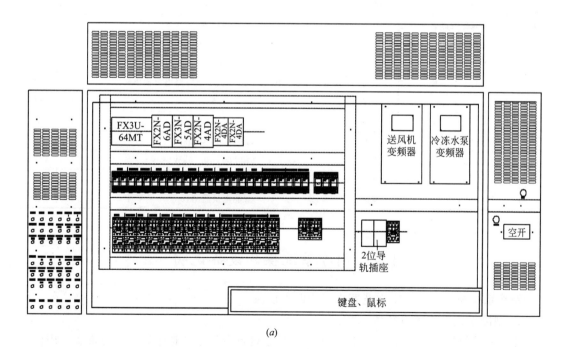

(a)

图 1-4 ST-2000C 中央空调 MOOC 互联网＋综合实训系统——智能控制系统

（a）内部结构

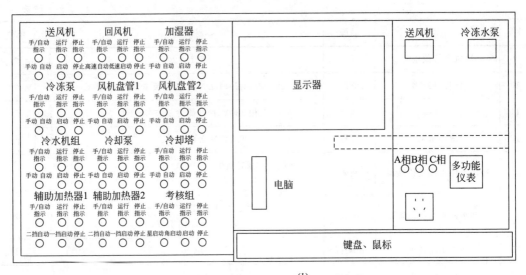

(b)

图 1-4　ST-2000C 中央空调 MOOC 互联网＋综合实训系统——智能控制系统（续）

(b) 外观

智能控制系统设备清单　　　　　　　　　　　　　　　　表 1-3

序号	器材名称	品牌	器材规格	数量	单位
1	控制箱	松大	定制	1	台
2	管理电脑	三汇工业	定制，Win7	1	台
3	显示器	戴尔	21.5寸，触摸屏	1	台
4	鼠标键盘	国产	USB接口	1	套
5	PLC控制器	三菱	220V，DI点32个，DO点32个	1	台
6	PLC扩展模块	三菱	DC24V，8路电压输入或8路电流输入	3	台
7	PLC扩展模块	三菱	DC24V，4路电压输出或4路电流输出	2	台
8	国产电缆	三菱	标配	1	根
9	485通信模块	三菱	标配	1	个
10	送风机变频器	三菱	三相380V，0.75kW	1	台
11	回风机变频器	三菱	三相380V，0.75kW	1	台
12	组态王6.55	亚控		1	套
13	智能电量监测仪	雅达	智能电量监测仪	1	套

1.2　制冷系统操作设备说明

制冷系统操作设备在本次竞赛中分为两大模块。

1. 制冷系统模拟练习装置

制冷系统模拟练习装置，如图 1-5 所示，这套设备专为参赛选手赛前练习准备，用以提高参赛选手对制冷设备的实际操作能力。参赛选手使用这套设备可以完成的操作有：制冷剂回收操作、更换零部件操作、抽真空操作、恢复制冷系统正常运转操作、检漏操作等。

图 1-5　制冷系统模拟练习装置

该设备还可以当作制冷剂回收装置，用于制冷系统 R22 制冷剂回收。

制冷系统模拟练习装置主要设备清单　　　　　　　　　　　　　　　　　表 1-4

序号	器材名称	品牌	器材规格	数量	单位
1	制冷压缩机	谷轮	定制	1	台
2	风冷式冷凝器	国产	定制	1	台
3	储液器	国产	2HP	1	个
4	过滤器	国产	EK-083	1	个
5	视液镜	中澳	$DN10$	1	个
6	手阀	恒森	$DN10$	3	个
7	高压力表	鸿森	YZ-50Z，$-0.1\sim3.8$MPa	1	个
8	低压力表	鸿森	YZ-50Z，$-0.1\sim1.8$MPa	1	个
9	压力控制器	奉申	P830E	1	个
10	压力板	国产	双表板	1	个
11	油分离器	国产	55824	1	个
12	底板	国产	$600\text{mm}\times700\text{mm}$	1	块
13	接线盒	国产	EW-181	1	个
14	壳管式蒸发器	国产	3H	1	台
15	内平衡式膨胀阀	丹佛斯	TX2(4 号芯)	1	个
16	紫铜管	国产	定制	1	根

2. 中央空调用水冷式单级压缩冷水机组

中央空调用水冷式单级压缩冷水机组如图 1-6 所示，这套设备是本次竞赛的正式操作设备。参赛选手在这套设备中完成的操作主要有：制冷剂回收操作、充注制冷剂操作、恢复制冷系统运转操作、检漏操作等。

图 1-6　冷水机组

中央空调用水冷式单级压缩冷水机组设备清单　　　　　　　　　表 1-5

序号	器材名称	品牌	器材规格	数量	单位
1	制冷压缩机	谷轮	定制	1	台
2	壳管式冷凝器	华发	3HP	1	台
3	储液器	国产	2HP	1	个
4	过滤器	国产	EK-083	1	个
5	视液镜	中澳	$DN10$	1	个
6	手阀	恒森	$DN10$	1	个
7	高压力表	鸿森	YZ-50Z，$-0.1\sim3.8$MPa	1	个
8	低压力表	鸿森	YZ-50Z，$-0.1\sim1.8$MPa	1	个
9	压力控制器	国产	P830E	1	个
10	压力板	国产	双表板	1	个
11	油分离器	国产	55824	1	个
12	底板	国产	$600mm\times700mm$	1	块
13	接线盒	国产	EW-181	1	个
14	壳管式蒸发器	国产	3H	1	台
15	内平衡式膨胀阀	丹佛斯	TX2(4 号芯)	1	个
16	紫铜管	国产	定制	1	根

1.3　管钳工工作台说明

为了方便参赛选手进行管件加工、管路连接等操作，本次大赛特别准备了管钳工工作台来帮助参赛选手更好、更快地完成比赛，如图 1-7 所示。

图 1-7　管钳工工作台

管钳工工作台设备清单　　表 1-6

序号	器材名称	品牌	器材规格	数量	单位
1	压力钳	国产	定制	1	个
2	工作台	松大	定制	1	个

1.4　ST-2000C 中央空调 MOOC 互联网＋综合实训系统实训清单

ST-2000C 中央空调 MOOC 互联网＋综合实训系统实训清单　　表 1-7

章节	实训项目	实训内容
第 2 章	管路制作实训	切管
		套丝
		弯头的连接
		三通的连接
		对丝的连接
		活接头的连接
		丝堵的连接
		铜球阀的连接

章节	实训项目	实训内容
第 3 章	制冷设备维护实训	连接真空泵
		回收制冷剂操作
		更换干燥过滤器
		更换视液镜
		更换电磁阀
		更换热力膨胀阀
		更换真空压力表
		系统抽真空、检漏操作
第 4 章	电气控制系统连接与调试	手动切换星-三角控制接线
		自动切换星-三角控制接线
第 5 章	智能控制系统操作管理实训	PLC 程序编写仿真
		PLC 程序改错运行
第 6 章	空调系统综合运行管理实训	PLC 对扩展模块的设置和信号采集
		PLC 与变频器的通信设置和监控
		新建组态工程
		空调组态的运行调试及修改

第2章 管路制作

2.1 简　介

中央空调工程除采用空气作为热传递的介质外，还常采用水作为热传递的介质，通过水管路系统将冷、热源产生的冷、热量输送给各种空调末端设备，并最终将这些冷热量提供给空调房间。

中央空调水系统主要包括冷冻水系统、冷却水系统，下面简要介绍一下这两种水系统。

半集中式
中央空调系统

1. 冷冻水系统

该部分由冷冻水泵、冷冻水管道、阀门、表冷器和风机盘管等组成。从主机蒸发器流出的低温冷冻水由冷冻泵加压送入冷冻水管道，进入室内用表冷器和风机盘管进行热交换，带走房间内的热量，最后回到主机蒸发器。冷冻水系统工作原理如图 2-1 所示：

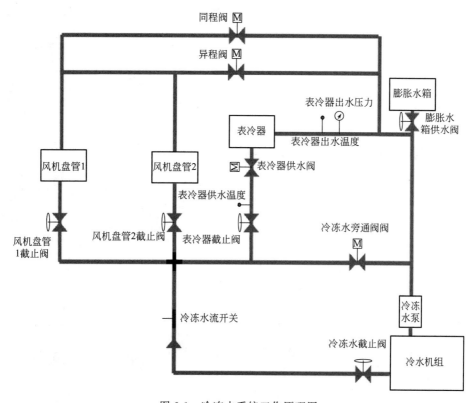

图 2-1　冷冻水系统工作原理图

冷冻水系统主要设备清单 表 2-1

序号	名　　称	型号与规格	单位	数量	备　　注	二维码
1	表冷器	定制	个	1		01.01 002 表冷器
2	压力传感器	BP801	个	1		01.01 003 压力传感器
3	电磁阀（DA4MU24-A）	DN20-4MU24-A	个	5		01.01 00 4 电磁阀 (DA4MU24-A)
4	温度传感器	BP131	个	4		01.01 005 温度传感器
5	风机盘管	FP-34WA	个	2		01.01 006 风机盘管
6	水泵	三相 MCP-158	个	1		01.01 007 水泵

续表

序号	名　称	型号与规格	单位	数量	备　注	二维码
7	支架	定制	套	1		01.01 008　支架
8	冷水机组	定制	套	1		01.01 009　冷水机组
9	靶式水流开关	HFS-20	个	2		01.01 010　靶式水流开关

　　在中央空调系统末端设备中，按各空调末端设备的供回水管路的管道总长是否大致相等，可将系统分为同程式系统和异程式系统。

（1）同程式系统

指各并联环路总长度基本相等的水系统，如图 2-2 所示：

（2）异程式系统

指各并联环路管道总长度不相等的水系统，如图 2-3 所示：

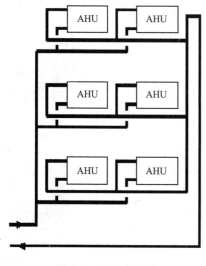

图 2-2　同程式系统

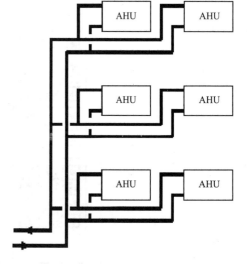

图 2-3　异程式系统

2. 冷却水系统

绝大部分冷却水系统是循环水系统，该部分由冷却水泵、冷却水管道、阀门、冷却水塔及冷凝器等组成。冷冻水循环系统进行室内热交换，将带走室内大量的热能，该热能通过制冷机组内的制冷剂传递给冷却水，使冷却水温度升高。冷却水泵将升温后的冷却水压入冷却水塔，使之与大气进行热湿交换，降低温度后再送回主机冷凝器。冷却水系统工作原理如图2-4所示：

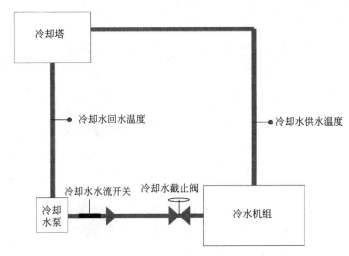

图 2-4　冷却水系统工作原理图

管路连接示范视频资源二维码列表　　　　　　　　表 2-2

序号	视频名称	二维码	序号	视频名称	二维码
1	表冷器进水口管路连接	01.01 011 表冷器进水口管路连接	4	电磁阀的安装	01.01 014 电磁阀的安装
2	冷凝器进(出)水口管路连接	01.01 012 冷凝器进(出)水口管路连接	5	截止阀的安装	01.01 015 截止阀的安装
3	水流开关的安装	01.01 013 水流开关的安装	6	温度传感器的安装	01.01 016 温度传感器的安装

2.2 系 统 结 构

在空调系统中，管路系统是其中一个很重要的组成部分，它承载着整个水系统的循环。为检验参赛选手对于空调系统中的管路制作与安装能力，特别设计一个管路制作与连接装置，以达到空调水系统管路制作与安装的实训、考核与竞赛的目的，具体要求如图2-5所示。

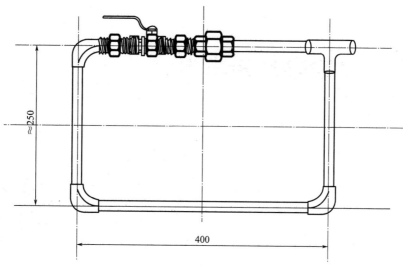

图 2-5　实训与竞赛用管路制作与连接

2.3 器 件 准 备

（1）选手准备

选手准备器件表
表 2-3

序号	名称	型号与规格	单位	数量	备注
1	文具	标准	套	1	铅笔、橡皮、尺等
2	防护用具	标准	套	1	工作服等

（2）竞赛准备

竞赛准备器件表
表 2-4

序号	名称	型号与规格	单位	数量	备注	设备二维码
1	管钳工工作台	专用	张	1		01.03 001　管钳工工作台

序号	名称	型号与规格	单位	数量	备注	设备二维码
2	2寸轻型铰扳	15～50mm 金属管道套丝	套	1		01.03 002　2寸轻型铰扳
3	管钳	250mm	把	1		01.03 003　管钳
4	活络扳手	250mm×30mm	把	2		01.03 004　活络扳手
5	金属切管器	15～50mm 金属管道切割	把	1		01.03 005　金属切管器
6	平锉	6"	把	1		01.03 006　平锉
7	细齿锯条	手锯	根	1		01.03 007　细齿锯条

序号	名称	型号与规格	单位	数量	备注	设备二维码
8	对丝	1/2 英寸	个	1		01.03 008 对丝
9	丝堵	1/2 英寸	个	1		01.03 009 丝堵
10	弯头	1/2 英寸	个	3		01.03 010 弯头
11	三通	1/2 英寸	个	1		01.03 011 三通
12	活接	1/2 英寸	个	1		01.03 012 活接
13	铜球阀	1/2 英寸	个	1		01.03 013 铜球阀

序号	名称	型号与规格	单位	数量	备注	设备二维码
14	非标镀锌管件	1/2英寸 250mm	根	2		01.03 014 非标镀锌管件
15	钢板尺	500mm 加厚	把	1		01.03 015 钢板尺
16	卷尺	1m	把	1		01.03 016 卷尺
17	直角尺	150mm	把	1		01.03 017 直角尺
18	聚四氟乙烯胶带	0.2mm×10mm	米	1		01.03 018 聚四氟乙烯胶带

注：1. 以上为1个工位的用量。

2. 必须准备干扰性的材料、工具、量具和设备。

2.4 操作步骤

安全文明操作需满足以下要求：

1. 阅读图纸，选择设备、材料、工具、量具认真阅读图纸，选择合适的设备、材料、工具、量具，按照要求制作管路。

2. 下料操作

按照图纸要求，需保证 400mm 的几何尺寸，误差控制在 ±1mm 以内。

3. 套丝加工

正确使用铰板加工丝扣，确保加工出的丝扣光滑、无损坏。

4. 安装

装配牢固、无残留胶带，且所有接口需用聚四氟乙烯胶带密封，活接头需要加入密封垫。

5. 修整

管件整体要平整、方正，对角线直线误差控制在 2mm 以内。

2.5 评 价 标 准

1. 操作过程评分标准

操作过程评分标准表   表 2-5

序号	竞赛内容	竞赛标准	扣分项
1	阅读图纸,选择设备、材料、工具、量具	正确选择制作所需设备、材料、工具、量具	错选; 漏选; 多选
2	下料操作	规范操作	未正确使用工具、量具; 轻微损坏工具、量具
3	套丝加工	规范操作	未正确使用工具; 轻微损坏工具
4	安装	规范操作	未正确使用工具、量具; 轻微损坏工具、量具
5	修整	规范操作	未正确使用工具、量具; 轻微损坏工具、量具、零件
6	操作时间	规定时间内完成	超过规定时间
7	安全文明操作	操作完成后的整理工作,符合有关规定	出现不安全文明操作行为
8	否定项:发生以下行为之一者,本题成绩记为零分。 (1)成品与给定图纸不符; (2)造成重大人身伤害事故; (3)造成设备设施、工具、量具损坏; (4)不服从现场裁判员指挥		

2. 制作成果评分标准

制作成果评分标准表

表 2-6

序号	竞赛内容	竞赛标准	扣分项
1	几何尺寸	符合给定条件:图中需保证 400mm 的几何尺寸,误差控制在±1mm	超过给定误差范围
2	装配质量	套丝规范、装配牢固、无残留胶带	套丝不规范; 装配不牢固; 有残留胶带
3	方正平整	无明显翘曲、对角线直线误差控制在 2mm 以内	超过给定误差范围; 有明显翘曲

2.6 实训任务

1. 按照管路图样制作管路,如图 1-5 所示。

任务解析

2. 图中需保证 400mm 的几何尺寸,误差控制在±1mm 以内。

3. 所有接口均需用聚四氟乙烯胶带密封;活接头需要加入密封垫。

4. 整体平整、方正,对角线直线误差控制在 2mm 以内;连接牢固。

5. 安全文明操作。

第 3 章　制冷设备维护

3.1　简　介

1. 概述

在活塞式单级压缩制冷系统中，制冷压缩机、蒸发器、冷凝器和节流机构是系统中必不可少的四大重要部件，如图 3-1 所示为典型活塞式单级制冷压缩机组。制冷设备之间用管道依次连接，形成一个密闭的系统，制冷剂在系统中不断地循环流动，经过蒸发、压缩、冷凝、节流四个基本过程发生状态变化，从而与外界进行热量交换，达到制冷的目的。

图 3-1　典型活塞式单级压缩制冷机组

2. 设备工作原理

蒸发器：制冷剂在其中沸腾，吸收被冷却介质的热量后，由液态转变为气态。蒸发器是制冷系统的主要换热装置，冷却空气蒸发器的作用是，冷却周围的空气，达到对空气降温、除湿的目的。

制冷压缩机：消耗一定的外界功后，把蒸发器中的气态制冷剂吸入，并压缩到冷凝压力后排入冷凝器中。起着压缩和输送制冷剂蒸气并造成蒸发器中低压力、冷凝器中高压力的作用，是制冷系统的心脏部件。

冷凝器：气态制冷剂在冷凝器中将热量传递给环境介质（空气或常温水）后，放热冷凝成液体。其作用是利用冷却介质，将制冷剂从蒸发器中吸收的热量和制冷压缩机产生的热量排出系统。

节流机构（膨胀阀或节流阀）：将冷凝后的高压常温液态制冷剂通过其节流作用，降低到蒸发压力后，送入蒸发器中。

3.2 操作技能模拟练习设备

1. 系统结构

制冷系统必须是一个洁净、干燥而又严密的封闭式循环系统。为检验参赛选手对于制冷系统设备维护的实际操作技能，特别设计本模块模拟制冷系统，如图 3-2 所示，其封闭严密的工作环境以便真实有效地进行制冷剂回收或充注、设备拆装、系统抽真空等"绿色"操作技能的考核与竞赛。

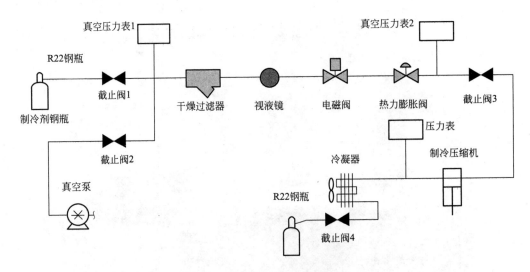

图 3-2　竞赛模拟练习系统框架图

本系统专为竞赛模拟练习所设置，以免误操作损坏正式竞赛设备。同时也可以利用这个装置，对实际制冷设备进行制冷剂回收。

2. 器件准备

（1）选手准备

选手准备器件表　　　　　　　　　　　　　　　　　　表 3-1

序号	名称	型号与规格	单位	数量	备注
1	文具	标准	套	1	铅笔、橡皮、尺等
2	防护用具	标准	套	1	工作服等

（2）赛场准备

赛场准备器件表

表 3-2

序号	名称	型号与规格	单位	数量	备注	二维码
1	制冷设备维护模拟操作设备	非标准设备	台	1		02.02.001 制冷设备维护模拟操作设备
2	管钳工工作台	专用	张	1		01.03.001 管钳工工作台
3	活络扳手	150mm	把	2		01.03.004 活络扳手
4	活络扳手	250mm	把	1		01.03.004 活络扳手
5	平锉	6"	把	1		01.03.006 平锉

续表

序号	名称	型号与规格	单位	数量	备注	二维码
6	新棘轮式偏心扩孔器 RCT-806	CT-808F45 度偏心扩管器、铜管扩孔器、胀管器、铆管器（公英制）	套	1		新棘轮式偏心扩孔器RCT-806
7	制冷剂钢瓶	DSZH239	L	12		制冷剂钢瓶
8	旋片式真空泵	2XZ-型	台	1		旋片式真空泵
9	干燥过滤器	接 $\phi 8$ 紫铜管	支	1		干燥过滤器
10	视液镜	接 $\phi 8$ 紫铜管	支	1		视液镜
11	电磁阀（鸿森）	220V 50Hz，接 $\phi 8$ 紫铜管	个	1		电磁阀(鸿森)

续表

序号	名称	型号与规格	单位	数量	备注	二维码
12	内平衡热力膨胀阀	$\phi 3$	个	1		 02.02 012 内平衡热力 膨胀阀
13	压力真空表 （高）	YZ-50Z $-0.1\sim3.8$MPa	个	1		 02.02 013 压力真空表 （高）
14	压力真空表 （低）	YZ-50Z $-0.1\sim1.8$MPa	个	1		 02.02 014 压力真空表 （低）
15	复合修理阀	低压：$-0.1\sim1.8$MPa 高压：$-0.1\sim3.8$MPa	只	2		 02.02 015 复合修理阀
16	导气管及 接头	国产	根	3		 02.02 016 导气管及接头
17	钢板尺	150mm	把	1		 01.03 015 钢板尺

序号	名称	型号与规格	单位	数量	备注	二维码
18	游标卡尺	150mm,0.02mm	把	1		02.02.018 游标卡尺
19	纳子	$\phi6\sim\phi10$	个	1		02.02.019 纳子
20	制冷剂	R22	kg	0.5		
21	记录纸	A4	张	1		
22	棉丝					

注：1. 以上为1个工位的用量。

2. 必须准备干扰性的材料、工具、量具和设备。

3. 操作步骤

本操作是在竞赛模拟练习系统上的模拟操作。

（1）操作技能考核初始状态

由竞赛辅助人员操作：连接 R22 制冷剂钢瓶、制冷剂回收钢瓶，制冷剂钢瓶直立，开启，保持模拟制冷系统的正常状态。

由参赛选手操作：正确连接真空泵；确认截止阀 1 开启，截止阀 2、截止阀 3 关闭，电磁阀关闭，制冷压缩机停止，制冷剂回收钢瓶关闭。

（2）回收制冷剂操作（绿色操作）

截止阀 1、截止阀 2 关闭，截止阀 3 开启，开启制冷剂回收钢瓶阀门、启动制冷压缩机和冷凝器风扇，打开电磁阀，将模拟制冷系统抽真空，运转 5 分钟后，关闭截止阀 3，停止制冷压缩机和冷凝器风扇，关闭电磁阀，关闭制冷剂回收钢瓶。

（3）更换指定零部件

包括干燥过滤器、视液镜、电磁阀、热力膨胀阀、真空压力表 1、真空压力表 2。

（4）抽真空操作（绿色操作）

截止阀 1、截止阀 3 关闭，启动真空泵后，开启截止阀 2，打开电磁阀，运转 5 分钟后，关闭截止阀 2 和电磁阀，停止真空泵运转。

（5）恢复正常运转状态

截止阀 2、截止阀 3 关闭状态，开启截止阀 1；用电子检漏仪检漏，确认模拟制冷系统无泄漏；有泄漏则修复后再进行检漏操作，直至合格为止。

制冷设备维护设备操作示范视频资源二维码列表 表 3-3

序号	视频名称	二维码	序号	视频名称	二维码
1	更换电磁阀	02.02 020 更换电磁阀	4	更换视液镜	02.02 023 更换视液镜
2	更换干燥过滤器	02.02 021 更换干燥过滤器	5	更换真空压力表	02.02 024 更换真空压力表
3	更换热力膨胀阀	02.02 022 更换热力膨胀阀			

4. 评价标准

模拟操作评分标准

模拟操作评分标准表 表 3-4

序号	竞赛内容	竞赛标准	扣分项
1	阅读工作要求,选择设备、零部件、材料、工具	正确选择制作所需设备、零部件、材料、工具	错选； 漏选； 多选
2	制冷剂回收操作(绿色操作)	规范操作	运转时间未达规定； 不正确使用工具、设备； 轻微损坏工具、设备
3	更换指定零部件操作	规范操作	不正确使用工具； 安装错误； 轻微损坏工具、零部件
4	抽真空操作(绿色操作)	规范操作	运转时间未达规定； 不正确使用工具、设备； 轻微损坏工具、设备、零部件

续表

序号	竞赛内容	竞赛标准	扣分项
5	恢复制冷操作	规范操作	不正确使用工具、设备； 轻微损坏工具、设备、零部件
6	检漏操作	规范操作	不正确使用工具、仪器； 轻微损坏工具、仪器、零件
7	操作时间	规定时间内完成	超过竞赛规定时间
8	安全文明操作	操作完成后的整理工作,符合有关规定	未按规范操作
9	否定项:发生以下行为之一者,本题成绩记为零分。 (1)不按绿色操作规程操作的项目; (2)造成人身伤害事故; (3)造成设备设施、零部件、工具、量具、仪表损坏; (4)不服从现场裁判员指挥		

3.3 操作技能竞赛设备

1. 系统结构

图 3-3 为竞赛用的设备——空调水冷式单级压缩冷水机组系统框架图,该系统以 R22 作

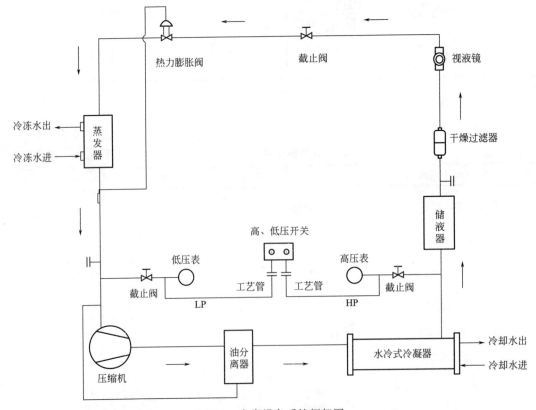

图 3-3 竞赛设备系统框架图

为制冷剂，采用壳管式冷凝器和壳管式蒸发器，具有结构紧凑、换热稳定、效率持久、维护方便的特点。

2. 器件准备

（1）选手准备

选手准备器件表　　**表 3-5**

序号	名称	型号与规格	单位	数量	备注
1	文具	标准	套	1	铅笔、橡皮、尺等
2	防护用具	标准	套	1	工作服等

（2）赛场准备

选手准备器件表　　**表 3-6**

序号	名称	型号与规格	单位	数量	备注	二维码
1	ST-2000C 中央空调 MOOC 互联网＋综合实训系统	松大	1	套	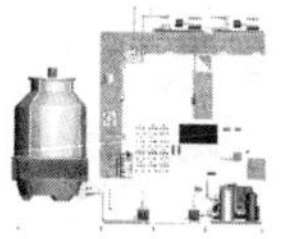	02.03 001 ST-2000C中央空调MOOC互联网+综合实训系统
2	制冷剂钢瓶	DSZH239	L	12	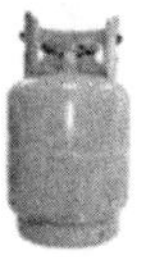	02.02 007 制冷剂钢瓶
3	旋片式真空泵	2XZ-型	台	1	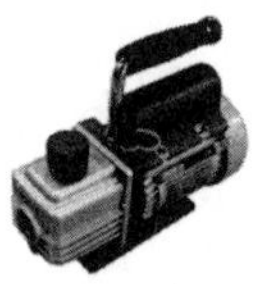	02.02 008 旋片式真空泵
4	导气管及接头	国产	根	3	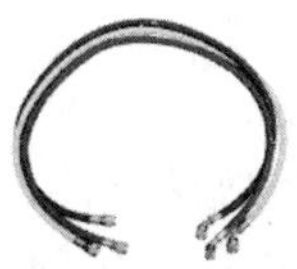	02.02 016 导气管及接头

续表

序号	名称	型号与规格	单位	数量	备注	二维码
5	电子秤	0～100kg	台	1		02.03 005 电子秤
6	活络扳手	150mm	把	2		01.03 004 活络扳手
7	活络扳手	250mm	把	1		01.03 004 活络扳手
8	复合修理阀	低压－0.1～1.8MPa 高压－0.1～3.8MPa	只	2		02.02 015 复合修理阀
9	制冷剂	R22	kg	0.5		
10	记录纸	A4	张	1		
11	棉丝					

注：以上为1个工位的用量。

3. 操作步骤

本操作是在竞赛系统上的回收制冷剂操作。

（1）操作技能考核初始状态

由竞赛辅助人员操作：连接制冷剂回收钢瓶，制冷剂钢瓶直立，关闭，模拟系统内无不凝性气体。

由参赛选手操作：将竞赛模拟练习设备作为回收制冷设备。如图 3-2 所示，正确连接真空泵，确认截止阀 1、截止阀 2、截止阀 3 关闭，电磁阀关闭，制冷压缩机停止，制冷剂回收钢瓶关闭。

（2）回收制冷剂操作（绿色操作）

将冷水机组高压侧工艺阀连接至回收制冷设备的截止阀 1，启动真空泵，开启截止阀 2、截止阀 1，将从水机组高压侧工艺阀连接至截止阀 1 管内的空气排除。然后关闭截止阀 2，停止真空泵。

开启截止阀 1、截止阀 3、制冷剂回收钢瓶阀门；启动制冷压缩机和冷凝器风扇并打开电磁阀；缓开冷水机组高压侧工艺阀（特别注意：制冷压缩机排气压力不能过高，控制阀门开度不能出现湿行程和"液击"现象）；回收完毕后冷水机组高压侧工艺阀，依次关闭截止阀 1、截止阀 3，停止制冷压缩机和冷凝器风扇，关闭电磁阀，关闭制冷剂回收钢瓶。

对制冷剂回收钢瓶称重，并作记录。

（3）向冷水机组充注制冷剂（绿色操作）

将冷水机组高低压控制器相关接线端子短接，将 R22 制冷剂钢瓶接至制冷压缩机吸气阀的多用通道上，R22 制冷剂钢瓶直立状态，开启冷水机组，开启制冷压缩机吸气阀的多用通道，缓开 R22 制冷剂钢瓶阀门；充注规定重量后，关闭 R22 制冷剂钢瓶阀门，关闭制冷压缩机吸气阀的多用通道。

（4）恢复正常运转状态

卸下连接管路、拆除短接电线等，恢复正常运行状态。用电子检漏仪检漏，确认冷水机组无泄漏；有泄漏则修复后再进行检漏操作，直至合格为止。

对 R22 制冷剂钢瓶称重，并作记录。

制冷设备维护设备操作示范视频资源二维码列表　　　　表 3-7

序号	视频名称	二维码	序号	视频名称	二维码
1	回收制冷剂（绿色操作）	02.03.009 回收制冷剂	2	充注制冷剂（绿色操作）	02.03.010 充注制冷剂

4．评价标准

对真实系统回收制冷剂操作评分标准　　　　表 3-8

序号	竞赛内容	竞赛标准	扣分项
1	阅读工作要求，选择设备、工具等	正确选择制作所需设备、工具	错选；漏选；多选
2	制冷剂回收操作（绿色操作）	规范操作	运转时间未达规定；不正确使用工具、设备；轻微损坏工具、设备

续表

序号	竞赛内容	竞赛标准	扣分项
3	充注制冷剂操作(绿色操作)	规范操作	运转时间未达规定; 不正确使用工具、设备; 轻微损坏工具、设备、零部件
4	恢复制冷操作	规范操作	不正确使用工具、设备; 轻微损坏工具、设备、零部件
5	检漏操作	规范操作	不正确使用工具、仪器; 轻微损坏工具、仪器、零件
6	操作时间	规定时间内完成	超过竞赛规定时间
7	安全文明操作	操作完成后的整理工作,符合有关规定	未按规范操作
8	否定项:发生以下行为之一者,本题成绩记为零分。 (1)不按绿色操作规程操作的项目; (2)造成人身伤害事故; (3)造成设备设施、零部件、工具、量具、仪表损坏; (4)不服从现场裁判员指挥		

3.4 实训任务

1. 本操作是在真实竞赛系统上的回收制冷剂操作,如图3-2、图3-3所示。
2. 向冷水机组充注制冷剂(绿色操作)。
3. 恢复正常运转状态。

任务解析

02.04
001

第4章　电气控制系统连接与调试

4.1　简　　介

中央空调电气控制系统连接包含电气主电路和辅助电路的连接。其电气控制功能是通过电气控制线路实现的，一个完整的中央空调电气控制线路除了要按工艺要求启动与停止系统设备、能实现温度、压力、液位等参数的控制与调节外，还必须具有短路保护、失压保护（零电压保护）、断相保护、设备过载保护等保护功能，同时还能反映制冷系统工作状况，进行事故报警，并指示故障原因。

主电路是电气控制线路中大电流通过的部分，包括从电源到电动机之间相连的电器元件；一般由自动开关、主熔断器、接触器主触点、热继电器的热元件和电动机等组成。

辅助电路是控制线路中除主电路以外的电路，其流过的电流比较小和辅助电路包括控制电路、照明电路、信号电路和保护电路。其中控制电路是由按钮、接触器、中间继电器和时间继电器的线圈及辅助触点、热继电器触点、保护电器触点等组成。

三相异步电动机星-三角降压启动装置，因其线路结构简单、启动电流特性好、成本低、运行可靠、操作和维修方便，在中央空调电气控制系统中被普遍应用。三相异步电动机星-三角降压启动可通过手动操作、自动操作两种方式实现。

图 4-1 为星形连接，图 4-2 为三角形连接。

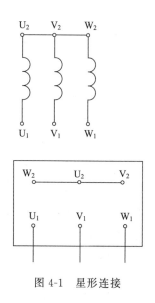

图 4-1　星形连接

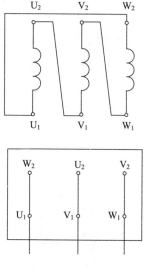

图 4-2　三角形连接

4.2 手动切换星-三角降压启动控制电路

1. 系统结构

如图 4-3 所示，手动切换星-三角降压启动控制系统主要由三个接触器（KM、KM△、KMY）、三个按钮（SB₁、SB₂、SB₃）等组成，并按图中方式连接。

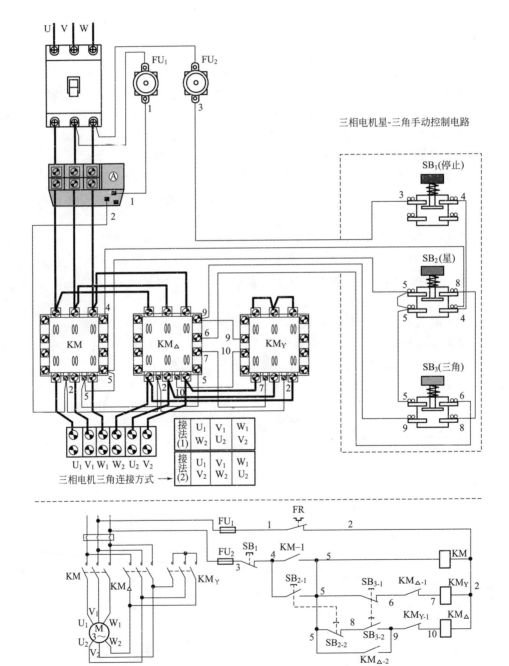

图 4-3　手动切换星-三角降压启动控制系统

合上总电源开关 QF，按下 SB_2，KM、KM_Y 得电动作，三相电动机绕组处于启动状态星型连接；KM_{Y-1} 断开，避免 $KM_\triangle$ 误动作；KM-1 闭合，SB_{2-1} 断开时，起到系统运行自保持作用。

按下 SB_3，KM_Y 线圈断电；KM_{Y-1} 闭合，使 $KM_\triangle$ 得电吸合；$KM_{\triangle-1}$ 断开，确保 KM_Y 不能得电误动作；$KM_{\triangle-2}$ 吸合使电动机绕组保持三角形运转状态。

电动机运行时，按下 SB_1，使全部接触器线圈失电跳开，停止运转。

2. 器件准备

（1）器件清单

器件清单表　　　　　　　　　　　　　表 4-1

序号	设备名称	品牌	数量	单位	设备图片	设备二维码
1	ST-2000C 中央空调 MOOC 互联网＋综合实训系统	松大	1	套	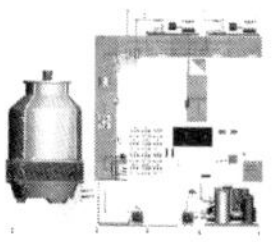	02.03 001 ST-2000C中央空调 MOOC互联网+综合实训系统
2	开关电源	国产	1	个		03.02 002 开关电源
3	启动按钮	永前	1	个		03.02 003 启动按钮
4	停止按钮	永前	1	个		03.02 004 停止按钮
5	星-角切换按钮	永前	1	个		03.02 005 星-角切换按钮

序号	设备名称	品牌	数量	单位	设备图片	设备二维码
6	中间继电器	国产	2	个		03.02.006 中间继电器
7	运行指示灯	国产	1	个		03.02.007 运行指示灯
8	停止指示灯	国产	1	个		03.02.008 停止指示灯
9	星-角切换指示灯	国产	1	个		03.02.009 星-角切换指示灯
10	ZR-RV(0.5)	宏兴达	100	米		03.02.010 ZR-RV(0.5)

续表

序号	设备名称	品牌	数量	单位	设备图片	设备二维码
11	大一字螺丝刀	国产	1	个		03.02 011 大一字螺丝刀
12	剥线钳	国产	1	个		03.02 012 剥线钳
13	万用表（电子）	国产	1	台		03.02 013 万用表(电子)
14	电工工具	国产	1	套		
15	记录纸	A4	1	张		

（2）器件位置和接线

图 4-4 是手动切换星-三角降压启动控制器件位置和接线图，接线只做控制部分，由一个启动按钮、一个停止按钮、一个星-角切换按钮、三个指示灯和三个中间继电器组成。接线用 ZR-RV（0.5）线缆。

3. 操作步骤

（1）按照所给的设备清单，把设备及相关工具准备齐全。

（2）按照所给的系统结构图和接线图，了解各元件的电气关系，然后按照接线图纸把各个元件对应点连接起来。

03.02 014
手动切换星-三角控制接线

（3）在确保接线无误的前提下，用万用表测量电源的 L 与 N 端、24V 与 GND 端看是否短路。若万用表发出蜂鸣声"嘟嘟"，说明线路有问题，此时不能进行通电操作，必须把一切故障排除。经检测正确无误后，通电操作。

（4）系统通电运行后，进行调试操作，若系统不能正常工作，需断电对故障点对应线路进行排查，排查完毕后进行第三步操作，直至系统能够正常运行。

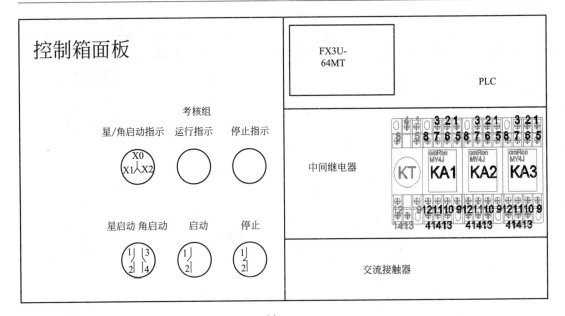

(a)

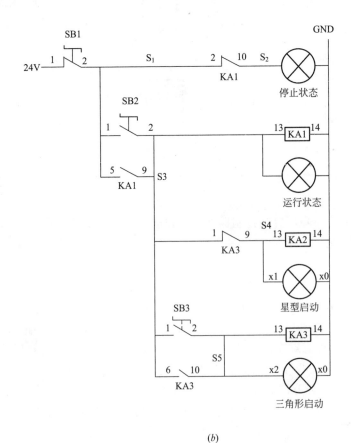

(b)

图 4-4　手动切换星-三角降压启动控制系统

(a) 器件位置；(b) 接线图

4．评价标准

（1）操作过程评分标准

操作过程评分标准表

表 4-2

序号	竞赛内容	竞赛标准	扣分项
1	阅读图纸,选择设备、零部件、材料、工具	正确选择制作所需设备、零部件、材料、工具	错选； 漏选； 多选
2	接线工艺	规范操作	运转时间未达规定； 不正确使用工具、设备； 轻微损坏工具、设备
3	安装电气元件	规范操作	不正确使用工具； 安装错误； 轻微损坏工具、零部件
4	系统调试操作	规范操作	不正确使用工具； 安装错误； 轻微损坏工具、零部件
5	系统启动操作	规范操作	未按规范操作； 运转时间未达规定
6	系统停止操作	规范操作	未按规范操作
7	操作时间	规定时间内完成	超过竞赛规定时间
8	安全文明操作	操作完成后的整理工作,符合有关规定	未按规范操作
9	否定项：发生以下行为之一者，本题成绩记为零分。 (1)不按操作规程操作； (2)造成人身伤害事故； (3)造成设备设施、零部件、工具、量具、仪表损坏； (4)不服从现场裁判员指挥		

（2）制作成果评分标准

制作成果评分标准

表 4-3

序号	竞赛内容	竞赛标准	扣分项
1	阅读图纸,选择零部件、材料、工具、量具	正确选择制作所需零部件、材料、工具、量具	错选； 漏选； 多选
2	手动启动、停止主回路	正常启动、停止控制回路	不能正常启动； 不能正常停止
3	星-三角切换启动	正常切换	不能正常切换

4.3 自动切换星-三角降压启动控制电路

1. 系统结构

如图 4-5 所示，手动切换星-三角降压启动控制系统主要由三个接触器（KM、KM△、KM_Y）、一个时间继电器（KT）、两个按钮（SB₁、SB₂）等组成，并图中方式连接。

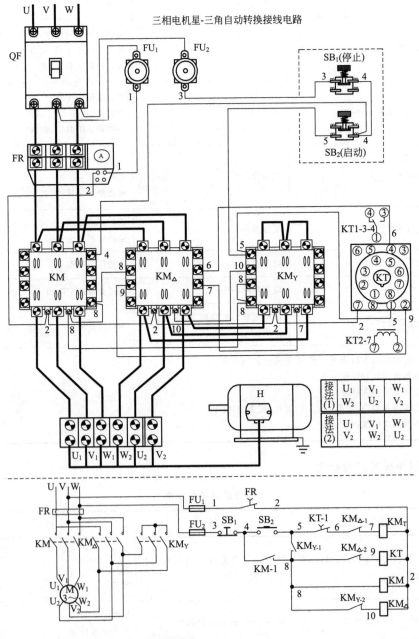

图 4-5 自动切换星-三角降压启动控制系统

合上 QF，按下 SB_2，KM_Y 得电动作；KM_Y-1 闭合，KT、KM 得电动作，电动机线圈处于星型启动状态；KM_{Y-2} 断开，避免 $KM_\triangle$ 误动作；KM-1 闭合，SB_2 断开时，起到系统运行自保持作用。

时间继电器 KT 延时到达设定值以后，延时触点 KT-1 断开，KM_Y 线圈断电；KM_{Y-1} 断开，KM 通过 KM-1 仍然得电吸合；KM_{Y-2} 闭合，使 $KM_\triangle$ 得电吸合；$KM_{\triangle-1}$ 断开，确保 KM_Y 不能得电误动作；$KM_{\triangle-2}$ 断开，停止为时间继电器线圈供电；$KM_{\triangle-3}$ 闭合使电动机线圈处于三角形运转状态。

在电动机运行时，按下 SB_1，使全部接触器线圈失电跳开，停止运转。

2．器件准备

（1）器件清单

器件清单表

表 4-4

序号	设备名称	品牌	数量	单位	设备图片	设备二维码
1	ST-2000C 中央空调 MOOC 互联网＋综合实训系统	松大	1	套	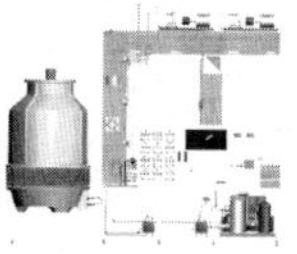	02.03 001 ST-2000C中央空调MOOC互联网+综合实训系统
2	开关电源	国产	1	个		03.02 002 开关电源
3	启动按钮	永前	1	个		03.02 003 启动按钮
4	停止按钮	永前	1	个		03.02 004 停止按钮

序号	设备名称	品牌	数量	单位	设备图片	设备二维码
5	时间继电器	国产	1	个		03.03 005 时间继电器
6	中间继电器	国产	2	个		03.02 006 中间继电器
7	开启指示灯	国产	1	个		03.02 007 开启指示灯
8	停止指示灯	国产	1	个		03.02 008 停止指示灯
9	星-角切换指示灯	国产	1	个		03.02 009 星-角切换指示灯
10	ZR-RV(0.5)	宏兴达	100	米		03.02 010 ZR-RV(0.5)

续表

序号	设备名称	品牌	数量	单位	设备图片	设备二维码
11	大一字螺丝刀	国产	1	个		03.02 011 大一字螺丝刀
12	剥线钳	国产	1	个		03.02 012 剥线钳
13	万用表（电子）		1	台		03.02 013 万用表(电子)
14	电工工具		1	套		
15	记录纸	A4	1	张		

（2）器件位置和接线

图 4-6 是自动切换星-三角降压启动控制器件位置和接线图，接线只做控制部分，由一个启动按钮、一个停止按钮、一个时间继电器、三个指示灯和三个中间继电器组成。接线用 ZR-RV（0.5）线缆。

3. 操作步骤

（1）按照所给的设备清单，把设备及相关工具准备齐全。

（2）按照所给的系统结构图和接线图，了解各元件的电气关系，然后按照接线图纸把各个元件对应点连接起来。

03.03 014 自动切换星-三角控制接线

（3）在确保接线无误的前提下，用万用表测量电源的 L 与 N 端、24V 与 GND 端看是否短路。若万用表发出蜂鸣声"嘟嘟"，说明线路有

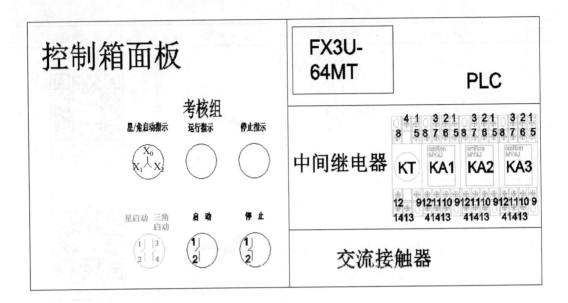

(a)

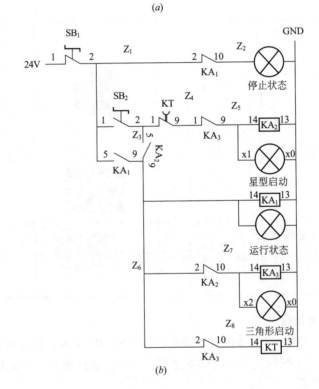

(b)

图 4-6　自动切换星-三角降压启动控制系统

（a）器件位置；（b）接线图

问题，此时不能进行通电操作，必须把一切故障排除。经检测正确无误后，通电操作。

（4）系统通电运行后，进行调试操作，若系统不能正常工作，需断电对故障点对应线路进行排查，排查完毕后进行第三步操作，直至系统正常运行。

4．评价标准

（1）操作过程评分标准

操作过程评分标准表
　　　　　　　　　　　　　　　　　　　　　　　　　　　　　　表 4-5

序号	竞赛内容	竞赛标准	扣分项
1	阅读图纸,选择设备、零部件、材料、工具	正确选择制作所需设备、零部件、材料、工具	错选; 漏选; 多选
2	接线工艺	规范操作	运转时间未达规定; 不正确使用工具、设备; 轻微损坏工具、设备
3	安装电气元件	规范操作	不正确使用工具; 安装错误; 轻微损坏工具、零部件
4	系统调试操作	规范操作	不正确使用工具; 安装错误; 轻微损坏工具、零部件
5	系统启动操作	规范操作	未按规范操作; 运转时间未达规定
6	系统停止操作	规范操作	未按规范操作
7	操作时间	规定时间内完成	超过竞赛规定时间
8	安全文明操作	操作完成后的整理工作,符合有关规定	未按规范操作
9	否定项:发生以下行为之一者,本题成绩记为零分。 (1)不按操作规程操作; (2)造成人身伤害事故; (3)造成设备设施、零部件、工具、量具、仪表损坏; (4)不服从现场裁判员指挥		

（2）制作成果评分标准

制作成果评分标准表
　　　　　　　　　　　　　　　　　　　　　　　　　　　　　　表 4-6

序号	竞赛内容	竞赛标准	扣分项
1	阅读图纸,选择零部件、材料、工具、量具	正确选择制作所需零部件、材料、工具、量具	错选; 漏选; 多选
2	自动启动、停止控制回路	正常启动、停止控制回路	不能正常启动; 不能正常停止
3	星-三角切换启动	正常启动	启动时间达不到规定

4.4　实　训　任　务

1. 按照给定 Y-Δ 降压启动控制电路原理图接线,如图 4-6 所示。

2. 仅接控制回路，由 FU_1、FU_2 开始连接，电压为 DC 24V。

3. 通电调试成功。

第5章　智能控制系统操作管理

5.1　简　　介

随着微处理器、计算机和数字通信技术的飞速发展，计算机控制已扩展到了几乎所有的工业领域。现代社会要求制造业对市场需求作出迅速的反应，生产出小批量、多品种、多规格、低成本和高质量的产品，为了满足这一要求，生产设备和自动生产线的控制系统必须具有极高的可靠性和灵活性，PLC（可编程控制器）正是顺应这一要求出现的，它是以微处理器为基础的通用工业控制装置。

PLC 是一种数字运算操作的电子系统，专为在工业环境下应用而设计。它采用可编程序的存储器，用来在其内部存储执行逻辑运算、顺序控制、定时、计数和算术运算等操作的指令，并通过数字式、模拟式的输入和输出，控制各种类型的机械设备或生产过程。PLC 及其有关设备，都是按易于使工业控制系统形成一个有机整体，易于扩充其功能的原则设计。

PLC 是采用"顺序扫描，不断循环"的方式进行工作的。即在 PLC 运行时，CPU 根据用户按控制要求编制好并存于用户存储器中的程序，按指令步序号（或地址号）作周期性循环扫描，如无跳转指令，则从第一条指令开始逐条顺序执行用户程序，直至程序结束，然后重新返回第一条指令，开始下一轮新的扫描，在每次扫描过程中，还要完成对输入信号的采样和对输出状态的刷新等工作。

PLC 程序的扫描方式是自上而下，从左至右的顺序。

PLC 的一个扫描周期必经输入采样、程序执行和输出刷新三个阶段。

PLC 在输入采样阶段：首先以扫描方式按顺序将所有暂存在输入锁存器中的输入端子的通断状态或输入数据读入，并将其写入各对应的输入状态寄存器中（即刷新输入），随即关闭输入端口，进入程序执行阶段。

PLC 在程序执行阶段：按用户程序指令存放的先后顺序扫描执行每条指令，经相应的运算和处理后，其结果再写入输出状态寄存器中，输出状态寄存器中所有的内容随着程序的执行而改变。

输出刷新阶段：当所有指令执行完毕，输出状态寄存器的通断状态在输出刷新阶段送至输出锁存器中，并通过一定的方式（继电器、晶体管或晶闸管）输出，驱动相应输出设备工作。

5.2　PLC 的编程与调试

1. 系统结构

（1）PLC 编程环境

GX WORKS2 是三菱电机推出的三菱综合 PLC 编程软件，是专用于 PLC 设计、调试、维护的编程工具，可在各种 Windows 系统中使用。与传统的 GX Developer 软件相比，GX WORKS2 的功能及操作性能得到了提高，更加易于使用。

（2）PLC 编程基础

1）编程语言的种类

FX3G、FX3U、FX3GC 和 FX3UC 可编程控制器支持下面 6 种编程语言。

① 指令表编程

这是一种形成程序基础的指令表编程方式。

a. 特点：

指令表编程方式，就是通过"LD"、"AND"、"OUT"等指令语言输入顺控指令的编程方式。该方式是顺控程序中基本的输入形态。

b. 列表显示实例：

步	指令	软元件编号
0000	LD	X000
0001	OR	Y005
0002	ANI	X002
0003	OUT	Y005
…	…	…

② 梯形图编程

这是一种在图示的画面上画梯形图符号的梯形图编程方式。

a. 特点

梯形图编程方式，就是使用顺序符号和软元件编号在图示的画面上画顺控梯形图的方式。由于顺控回路是通过触点符号和线圈符号来表现的，所以程序的内容更加容易理解。即使在梯形图显示的状态下也可以执行可编程控制器的运行监控。

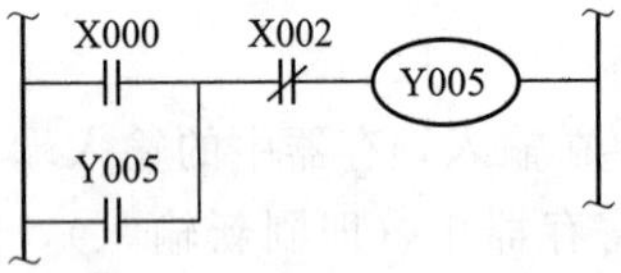

图 5-1　梯形图显示实例

b. 梯形图显示实例，如图 5-1 所示：

③ SFC 编程

SFC（顺序功能图）是一种可以根据机械的动作流程进行顺控设计的输入方式。

a. 特点

SFC 程序就是根据机械的动作流程设计顺控的方式。

b. SFC 程序和其他程序形式的互换性

可以相互转换的指令表程序及梯形图程序，如果依照一定的规则编制，就可以倒过来转换成 SFC 图。

④ ST 编程

ST（结构文本）是一种具有与 C 语言相似的语法构造和文本形式的程序语言。

特点：可以通过语法进行控制，例如同 C 语言等高级语言一样，用条件语句选择分支、利用循环语句进行重复等。这样，便可以用简洁的方法书写清楚的程序。

⑤ 结构化梯形图编程

这是一种可以使用触点、线圈、功能、功能模块等回路符号,将程序以图形的形式描述的语言。

特点:这是一种基于继电器回路的设计技术创建的图形语言。该语言较为直观、容易理解,因此普遍用于顺控程序。该程序的回路总是从左侧的母线开始。

⑥ FBD 编程

FBD(功能模块表)是一种可以使用进行特定处理的部件(功能、功能模块)、变量部件、常数部件等,将程序以图形的形式描述的语言。

a. 特点

沿着数据以及信号的走向连接部件,可以方便地创建程序,提高程序的生产性。

b. 程序的互换性

i. 采用指令表编程、梯形图编程、SFC 编程制作的顺控程序都通过指令(指令表编程时的内容)保存到可编程控制器的程序内存中。

ii. 如图 5-2 所示的各种输入方式编制的程序都可以相互转换后进行显示、编辑。

iii. 采用 ST、结构化梯形图、FBD 制作的顺控程序无法由指令(指令表编程时的内容)进行转换并显示。

iv. 要在 ST、结构化梯形图、FBD 的状态下进行显示和编辑,需要有源代码信息(保存了结构体及标签等程序结构的数据)。

图 5-2　编程语言转换

2)软元件的作用和功能,见表 5-1:

软元件编号一览表　　　　　　　　　　表 5-1

软元件名	内 容		
输入继电器 X	X000~X367×1	248 点	软元件的编号为 8 进制编号
输出继电器 Y	Y000~Y367×1	248 点	
辅助继电器 M			
一般用[可变]	M0~M499	500 点	通过参数可以更改保持/非保持的设定
保持用[可变]	M500~M1023	524 点	
保持用[固定]	M1024~M7679	6656 点	
特殊用×2	M8000~M8511	512 点	
运行监视	M8000~M8001	PLC 执行用户程序时,M8000 为 ON,M8001 为 OFF	
初始化脉冲	M8002~M8003	PLC 执行用户程序时,第一个扫描周期内 M8002 为 ON,M8003 为 OFF	
时钟脉冲	M8011~M8014	产生周期分别为 10ms、100ms、1s、10min 的时钟脉冲	
状态寄存器 S			
初始化状态(一般用[可变])	S0~S9	10 点	通过参数可以更改保持/非保持的设定
一般用[可变]	S10~S499	490 点	
保持用[可变]	S500~S899	400 点	
信号报警器用(保持用[可变])	S900~S999	100 点	

续表

软元件名	内 容		
保持用[固定]	S1000～S4095	3096 点	
定时器 T			
100ms	T0～T191	192 点	0.1～3276.7s
100ms[子程序、中断子程序用]	T192～T199	8 点	0.1～3276.7s
10ms	T200～T245	46 点	0.01～327.67s
1ms 累计型	T246～T249	4 点	0.001～32.767s
100ms 累计型	T250～T255	6 点	0.1～3276.7s
1ms	T256～T511	256 点	0.001～32.767s
计数器 C			
一般用增计数(16 位)[可变]	C0～C99	100 点	0～32767 的计数器通过参数可以更改保持/非保持的设定
保持用增计数(16 位)[可变]	C100～C199	100 点	−2147483648～+2147483647 的计数器通过参数可以更改保持/非保持的设定
一般用双方向(32 位)[可变]	C200～C219	20 点	
保持用双方向(32 位)[可变]	C220～C234	15 点	
数据寄存器 D			
一般用(16 位)[可变]	D0～D199	200 点	通过参数可以更改保持/非保持的设定
保持用(16 位)[可变]	D200～D511	312 点	
保持用(16 位)[固定](文件寄存器)	D512～D7999 (D1000～D7999)	7488 点 (7000 点)	通过参数可以将寄存器 7488 点中 D1000 以后的软元件以每 500 点为单位设定为文件寄存器

① 输入继电器 X 和输出继电器 Y 的用法,如图 5-3 所示。

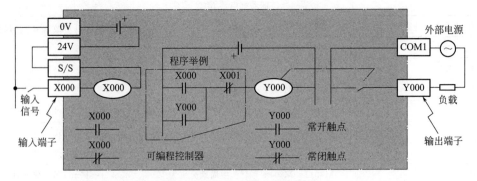

图 5-3　输入输出继电器的用法

② 辅助继电器一般用回路,如图 5-4 所示。

③ 定时器一般用,当定时器线圈 T200 的驱动输入 X000 为 ON,T200 用的当前值计数器就对 10ms 的时钟脉冲进行加法运算,如果这个值等于设定值 K123 时,定时器的输出触点动作。也就是说,输出触点是在驱动线圈后的 1.23s 后动作。驱动输入 X000 断开,

或是停电时，定时器会被复位并且输出触点也复位，如图 5-5 所示。

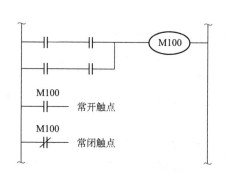

图 5-4　辅助继电器的用法

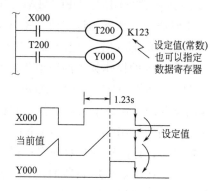

图 5-5　定时器的用法

④ 16 位的 2 进制增计数器的设定值在 K1～K32767（10 进制常数）范围内有效。K0 的动作和 K1 相同，在初次计数时输出触点动作。

一般用计数器的情况下，如果可编程控制器的电源断开，则计数值会被清除，但是停电保持用计数器的情况下，会记住停电之前的计数值，所以能够继续在上一次的值上进行累计计数。

通过计数输入 X011，每驱动一次 C0 线圈，计数器的当前值就会增加，在第 10 次执行线圈指令的时候输出触点动作。此后，即使计数输入 X011 动作，但是计数器的当前值不会变化。如果输入复位 X010 为 ON，在执行 RST 指令的时候，计数器的当前值变 0，输出触点也复位，如图 5-6 所示。

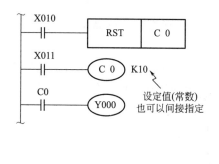

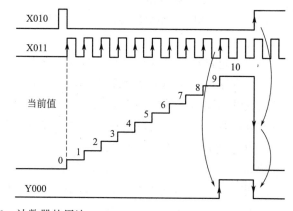

图 5-6　计数器的用法

⑤ 数据寄存器就是保存数值数据用的软元件。该软元件为 16 位数据（最高位为正负符号），但是组合 2 个软元件后，低位软元件的最高位可以保数据。

一般用/停电保持用时，数据寄存器中的数据一旦被写入，在其他数据未被写入之前都不变化。在 RUN→STOP 时以及停电时，一般用数据寄存器的所有数据都被清除为 0。但是，如果驱动特殊辅助继电器 M8033，即使 RUN→STOP 时也能保持。

停电保持（保持）用数据寄存器，在 RUN/STOP 以及停电时都保持其内容。

3) 数据结构和软元件

① 10 进制数 (DEC: DECIMAL NUMBER)

a. 定时器和计数器的设定值 (K 常数);

b. 辅助继电器 (M)、定时器 (T)、计数器 (C)、状态等的编号 (软元件编号);

c. 应用指令的操作数中的数值指定和指令动作的指定 (K 常数)。

② 16 进制数 (HEX: HEXADECIMAL NUMBER)

应用指令的操作数中的数值指定和指令动作的指定 (H 常数)。

③ 2 进制数 (BIN: BINARY NUMBER)

对定时器、计数器或是数据寄存器的数值指定,是按照上述的 10 进制数和 16 进制数执行的,但是在可编程控制器的内部,这些数值都以 2 进制数进行处理,自动转换成 10 进制数后显示,(也可以切换成 16 进制)。

负数的处理:在可编程控制器内部,负数是以 2 的补码来表现的。

④ 8 进制数 (OCT: OCTAL NUMBER)

FX 系列可编程控制器中,输入继电器、输出继电器的软元件编号都是以 8 进制数分配的。

由于在 8 进制数中,不存在 [8, 9] 所以按 [0~7、10~17、…70~77、100~107] 上升排列。

⑤ BCD (BCD: BINARY CODE DECIMAL)

BCD 就是将构成 10 进制数的各位上 0~9 的数值以四位的 BIN 来表现的形式。

由于各位便于使用,所以使用于 BCD 输出型的数字式开关和 7 段码显示器控制等用途中。

⑥ 实数 (浮点数数据)

FX3G、FX3U、FX3GC 和 FX3UC 型可编程控制器,具有能够执行高精度运算的浮点数运算功能。

采用 2 进制浮点数 (实数) 进行浮点运算,并采用了 10 进制浮点数 (实数) 进行监控。[E] 是表示实数 (浮点数数据) 的符号,主要用于指定应用指令的操作数的数值。

实数的指定范围为,$-1.0 \times 2^{128} \sim -1.0 \times 2^{-126}$、0、$1.0 \times 2^{-126} \sim 1.0 \times 2^{128}$。

在顺控程序中,实数可以指定"普通表示"和"指数表示"两种。

a. 普通表示 就将设定的数值指定。

例如,10.2345 就以 E10.2345 指定。

b. 指数表示 设定的数值以 (数值)×10^n 指定。

例如,1234 以 E1.234＋3 指定。

[E1.234＋3] 的 [＋3] 表示 10 的 3 次方 (＋n 为 10^n)。

⑦ FX 可编程控制器中处理的数值,可以按照表 5-2 的内容进行转换。

FX 可编程控制器中处理的数值表 表 5-2

10 进制数(DEC)	8 进制数(OCT)	16 进制数(HEX)	2 进制数(BIN)		BCD	
0	0	00	0000	0000	0000	0000
1	1	01	0000	0001	0000	0001

续表

10 进制数（DEC）	8 进制数（OCT）	16 进制数（HEX）	2 进制数（BIN）		BCD	
2	2	02	0000	0010	0000	0010
3	3	03	0000	0011	0000	0011
4	4	04	0000	0100	0000	0100
5	5	05	0000	0101	0000	0101
6	6	06	0000	0110	0000	0110
7	7	07	0000	0111	0000	0111
8	10	08	0000	1000	0000	1000
9	11	09	0000	1001	0000	1001
10	12	0A	0000	1010	0001	0000
11	13	0B	0000	1011	0001	0001
12	14	0C	0000	1100	0001	0010
13	15	0D	0000	1101	0001	0011
14	16	0E	0000	1110	0001	0100
15	17	0F	0000	1111	0001	0101
16	20	10	0001	0000	0001	0110
……	……	……	……	……	……	……
99	143	63	0110	0011	1001	1001
……	……	……	……	……	……	……

⑧ 主要用途，见表 5-3：

数据结构和软元件的主要用途　　　　　　　　　　表 5-3

10 进制数（DEC）	8 进制数（OCT）	16 进制数（HEX）	2 进制数（BIN）	BCD
常数 K 以及输入输出继电器以外的内部软元件编号	输入继电器、输出继电器的软元件编号	常数 H 等	可编程控制器内部的处理	BCD 数字开关、7 段码显示器

⑨ PLC 内部具有一定功能的器件称为软元件，分为两种。一是位元件，如输入继电器 X、输出继电器 Y、辅助继电器 M、状态寄存器 S 等；二是字元件，如定时器、计数器、数据存储器，其中定时器、计数器的触点可作位元件使用。

位元件采用二进制数 "0" 和 "1" 表示。即元件状态为 ON 时用二进制数 "1" 表示，反之用 "0" 表示。

编程时位元件通常与十进制数组合使用，4 个位元件为一个单元，通常表示方法由 Kn 加起始的软元件号组成，n 表示单元数，如 K2M3 表示 M3-M10 组成两个位元件组（K2 表示 2 个单元），它是一个 8 位数据，M3 为最低位。

（3）指令一览（部分）

1) 基础指令表

基本指令一览表（部分）表   表 5-4

记号	称呼	符号	功能	对象软元件
		触点指令		
LD	取	对象软元件	a 触点的逻辑运算开始	X, Y, M, S, D□. b, T, C
LDI	取反	对象软元件	b 触点的逻辑运算开始	X, Y, M, S, D□. b, T, C
LDP	取脉冲上升沿	对象软元件	检测上升沿的运算开始	X, Y, M, S, D□. b, T, C
LDF	取脉冲下降沿	对象软元件	检测下降沿的运算开始	X, Y, M, S, D□. b, T, C
AND	与	对象软元件	串联 a 触点	X, Y, M, S, D□. b, T, C
ANI	与反转	对象软元件	串联 b 触点	X, Y, M, S, D□. b, T, C
ANDP	与脉冲上升沿	对象软元件	检测上升沿的串联连接	X, Y, M, S, D□. b, T, C
ANDF	与脉冲下降沿	对象软元件	检测下降沿的串联连接	X, Y, M, S, D□. b, T, C
OR	或	对象软元件	并联 a 触点	X, Y, M, S, D□. b, T, C
ORI	或反转	对象软元件	并联 b 触点	X, Y, M, S, D□. b, T, C
ORP	或脉冲上升沿	对象软元件	检测上升沿的并联连接	X, Y, M, S, D□. b, T, C
ORF	或脉冲下降沿	对象软元件	检测下降沿的并联连接	X, Y, M, S, D□. b, T, C
		结合指令		
ANB	回路块与		回路块的串联连接	—
ORB	回路块或		回路块的并联连接	—
MPS	存储器进栈	MPS	压入堆栈	—
MRD	存储读栈	MRD	读取堆栈	—
MPP	存储出栈	MPP	弹出堆栈	—

续表

记号	称呼	符号	功能	对象软元件
INV	反转	INV	运算结果的反转	—
MEP	MEP		上升沿时导通	—
MEF	MEF		下降沿时导通	—
		输出指令		
OUT	输出	对象软元件	线圈驱动	Y, M, S, D □.b, T,C
SET	置位	SET 对象软元件	动作保持	Y,M,S,D□.b
RST	复位	RST 对象软元件	解除保持的动作,清除当前值及寄存器	Y,M,S,D□.b,T, C,D,R,V,Z
PLS	脉冲	PLS 对象软元件	上升沿微分输出	Y,M
PLF	下降沿脉冲	PLF 对象软元件	下降沿微分输出	Y,M
		主控指令		
MC	主控	MC N 对象软元件	连接到公共触点	Y,M
MCR	主控复位	MCR N	解除连接到公共触点	—
		其他指令		
NOP	空操作		无处理	—
		结束指令		
END	结束	END	程序结束以及输入输出处理和返回 0 步	

2) 步进指令表,见表 5-5:

步进指令表　　　　　　　　　　　　　　表 5-5

记号	称呼	符号	功能	对象软元件
STL	步进梯形图	STL 对象软元件	步进梯形图的开始	S
RET	返回	RET	步进梯形图的结束	—

3）应用指令表，见表5-6：

应用指令表

表 5-6

指令记号	符号	功能
MOV	⊣⊢　［ MOV ｜ S ｜ D ］	传送
FMOV	⊣⊢　［ FMOV ｜ S ｜ D ｜ n ］	多点传送
BMOV	⊣⊢　［ BMOV ｜ S ｜ D ｜ n ］	成批传送
CMP	⊣⊢　［ CMP ｜ S1 ｜ S2 ｜ D ］	比较
四则·逻辑运算		
ADD	⊣⊢　［ ADD ｜ S1 ｜ S2 ｜ D ］	BIN 加法运算
SUB	⊣⊢　［ SUB ｜ S1 ｜ S2 ｜ D ］	BIN 减法运算
MUL	⊣⊢　［ MUL ｜ S1 ｜ S2 ｜ D ］	BIN 乘法运算
DIV	⊣⊢　［ DIV ｜ S1 ｜ S2 ｜ D ］	BIN 除法运算
INC	⊣⊢　［ INC ｜ D ］	BIN 加一
DEC	⊣⊢　［ DEC ｜ D ］	BIN 减一
外部设备		
PID	⊣⊢　［ PID ｜ S1 ｜ S2 ｜ S3 ｜ D ］	PID 运算
外部设备通信（变频器通信）		
IVCK	⊣⊢　［ IVCK ｜ S1 ｜ S2 ｜ D ｜ n ］	变换器的运转监视
IVDR	⊣⊢　［ IVDR ｜ S1 ｜ S2 ｜ S3 ｜ n ］	变频器的运行控制
IVRD	⊣⊢　［ IVRD ｜ S1 ｜ S2 ｜ D ｜ n ］	读取变频器的参数

4）编程方法

① 顺序功能图（SFC）

顺序功能图（SFC）又称状态转移图或状态流程图，描述控制系统的控制过流程、功能和特性的一种图形，主要由步、转换、转换条件和动作输出组成，如图 5-7 所示：

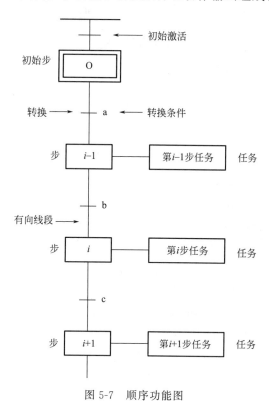

图 5-7　顺序功能图

② 步进指令编程

步进指令是利用 PLC 内部状态寄存器 S，以一个状态寄存器（也叫一步）为控制单位，在控制程序中借助转换条件和步进控制指令 STL（步进开始指令）、RET（步进返回指令）控制状态的转移。STL 和 RET 指令必须和状态继电器 S 配合使用才具有步进功能。STL 也称为步进触点指令（占 1 步）或 STL 触点，它没有动断触点。STL S20 和 STL S21 都是 STL 触点。在梯形图中，STL 触点与母线相连，使用 STL 指令后，母线移至触点右侧，其后需用 LD、LDI、OUT 等指令，直至出现下一条 STL 指令或出现 RET 指令。STL 指令使新状态继电器置位，而前一状态继电器自动复位，其触点断开。图 5-8 表明了顺序功能图、梯形图、语句表三者之间的严格对应关系。步进结束指令 RET 也称为步进返回指令，在一系列 STL 指令之后必须使用 RET 指令，以表示步进指令功能结束，母线恢复至原位。

③ 置位复位指令编程

根据控制条件及功能需求，用置位指令 SET 和复位指令 RST 对输出进行置位复位编程。置位指令 SET 和复位指令 RST 一般成对出现。

5）编程技巧

① 程序应自上而下，从左至右的顺序编制。

② 同一地址的输出原件在一个程序中使用两次以上，即形成双线圈输出或多线圈输

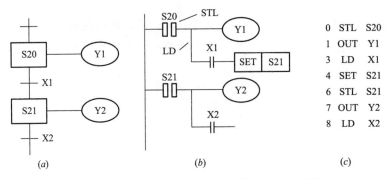

图 5-8　步进指令与顺序功能图和指令表对应关系

出，容易引起误操作，应尽量避免。

③ 输出线圈不能直接与左母线相连。

④ 适当安排编程顺序，以减少程序步数。

a. 串联多的电路尽量放在上部；

b. 并联多的电路应靠近左母线。

⑤ 不能编程的电路应进行等效变换后再编程。

a. 桥式电路应进行变换后才能编程；

b. 线圈右边的触点应放在线圈的左边才能编程；

c. 对复杂电路，用 ANB、ORB 等指令难以编程，可重复使用一些触点画出其等效电路后进行编程。

5.3　器件准备

（1）器件清单

器件清单表　　　　　　　　　　　　表 5-7

序号	设备名称	品牌	数量	单位	设备图片	设备二维码
1	GX WORKS2 软件	三菱	1	个		
2	管理电脑	三汇	1	个		04.02 001 管理电脑

续表

序号	设备名称	品牌	数量	单位	设备图片	设备二维码
3	触摸显示器	戴尔	1	个		04.02 002 触摸显示器
4	鼠标	国产	2	个		04.02 003 鼠标
5	键盘	国产	1	个		04.02 004 键盘

（2）控制案例

设置一个控制开关 S01，当它接通时，信号灯控制系统开始工作，且先南北红灯亮，东西绿灯亮。设置一个控制开关 S02。如图 5-9 所示：

工艺流程如下：

1）南北红灯亮并保持 15s，同时东西绿灯亮，但保持 10s，到 10s 时东西绿灯闪亮 3 次（每周期 1s）后熄灭；继而东西黄灯亮，并保持 2s，到 2s 后，东西黄灯熄灭，东西红灯亮，同时南北红灯熄灭和南北绿灯亮。

2）东西红灯亮并保持 10s。同时南北绿灯亮，但保持 5s，到 5s 时南北绿灯闪亮 3 次（每周期 1s）后熄灭；继而南北黄灯亮，并保持 2s，到 2s 后，南北黄灯熄灭，南北红灯亮，同时东西红灯熄灭和东西绿灯亮。

要求：红绿灯连续循环，按停止按钮 S02 红绿灯立即停止；当再按启动按钮 S01 红绿灯重新运行。

① PLC 外部接线图，如图 5-10 所示。

② I/O 分配表，见表 5-8。

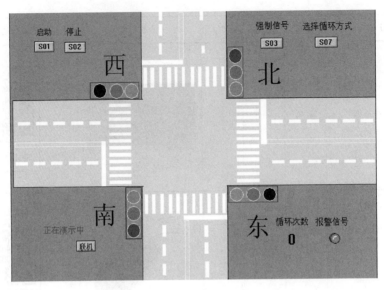

图 5-9　交通指示灯图

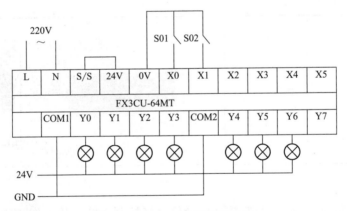

图 5-10　PLC 外部接线图

I/O 分配表　　　　　　　　　　　　　　　　　　　　　表 5-8

输入		输出	
输入	名称	输出	名称
X0	S01 启动按钮	Y0	控制台指示灯
X1	S02 停止按钮	Y1	南北红灯
		Y2	南北黄灯
		Y3	南北绿灯
		Y4	东西红灯
		Y5	东西黄灯
		Y6	东西绿灯

在编程软件中画出梯形图程序满足功能要求。

5.4　操 作 步 骤

（1）在电脑桌面中打开编程软件，进入软件界面。新建工程并设置工程类型为"简单工程"，PLC 系列为"FXCPU"，PLC 类型为"FX3CU/FX3UC"，程序语言为"梯形图"，如图 5-11 所示，保存新工程。

（2）在导航栏中点击工程的"全局软元件注释"，并在软元件名称中输入起始软元件的名称后按回车键。显示软元件列表后，根据 I/O 分配表在软件后面填入相应软元件注释，如图 5-12 所示，并保存。

04.02
005

PLC程序编写
仿真

（3）进入编程页面，在空白处双击可弹出指令输入框，选择软元件并填写对应地址，或者点击工具栏中对应软元件或输入对应软元件的快捷键，还可以通过输入指令选择软元件，如图 5-13 所示。

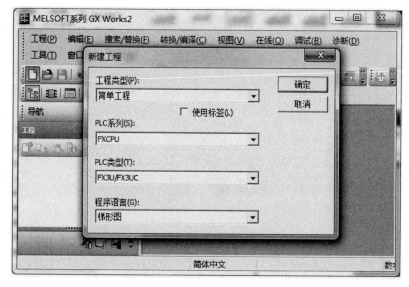

图 5-11　新建工程

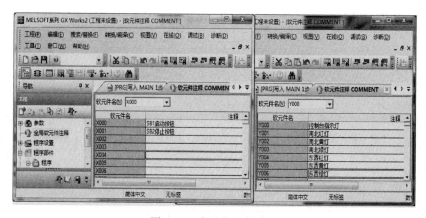

图 5-12　全局软元件注释

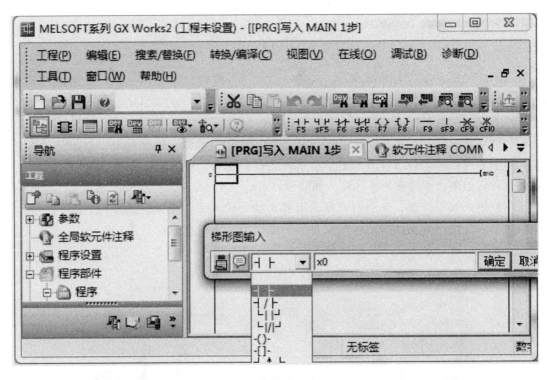

(a)

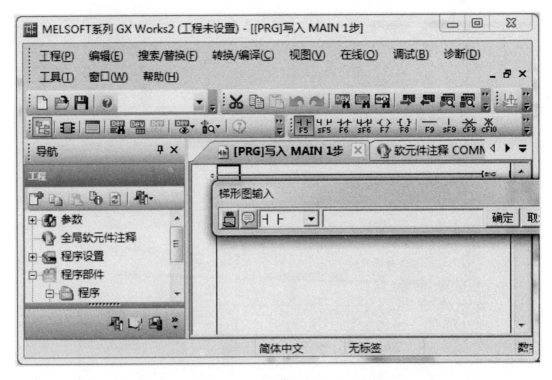

(b)

图 5-13　编辑软元件

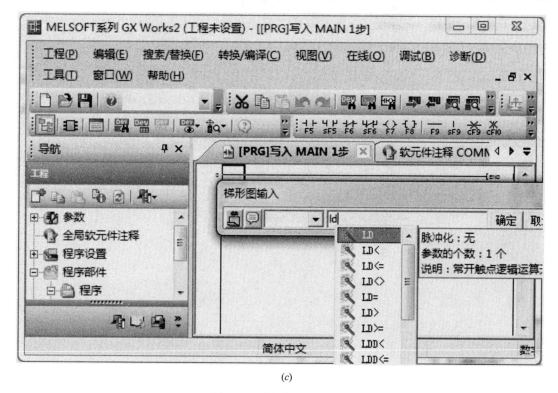

(c)

图 5-13　编辑软元件（续）

（4）编写程序时，右击鼠标，弹出窗口，点击视图，选择注释显示、声明显示、注释显示，即可看到之前编辑的软元件注释，并可以对程序段进行功能说明及对输出做注解，如图 5-14 所示。

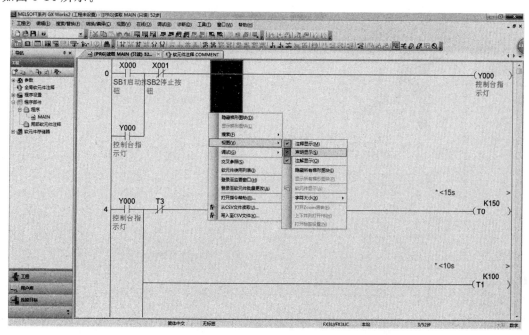

图 5-14　设置注释、申明、注解显示

（5）编程结束后，保存程序。点击调试"模拟开始"或工具 栏中的图标，进行程序功能测试，如图 5-15 所示。

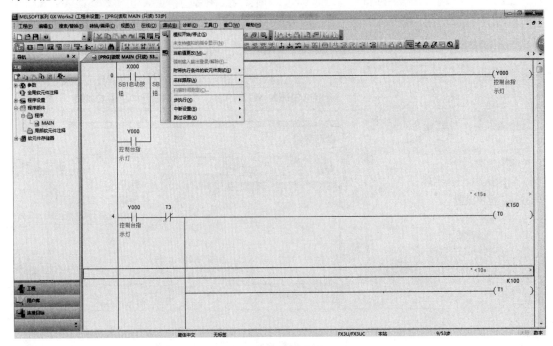

图 5-15　模拟仿真

右击鼠标弹出菜单栏，选择调试—当前值更改，可以改变软元件的状态或值，如图 5-16所示。

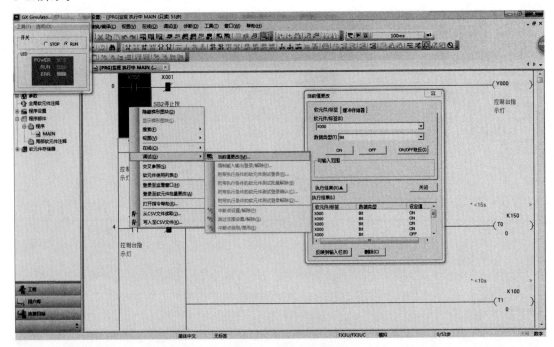

图 5-16　软元件设置

右击鼠标弹出菜单栏，选择在线—软元件/缓冲存储器批量监视后，弹出软元件批量监视窗口，在窗口中输入软元件名称并按回车。即可监视对应的软元件，如图 5-17 所示。

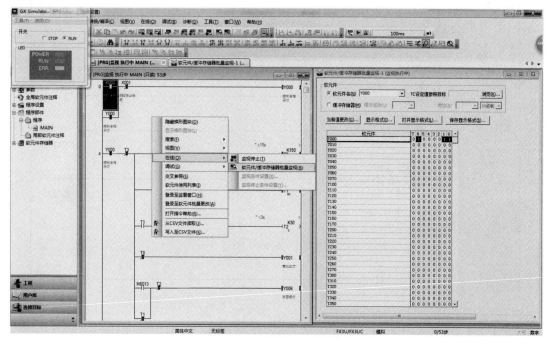

图 5-17 软元件批量监视

（6）模拟过程中发现问题，可以随时停止模拟，点击图标 或按 F2 进入写入模式，编辑梯形图程序，再次进入仿真，直至程序功能实现。若无问题，保存程序后关闭软件。完整程序如图 5-18（a）、（b）、（c）所示：

1）典型启保停控制电路。按下 S01 启动按钮，输入继电器 X000 得电，常开吸合。S02 停止按钮未动作，输入继电器 X001 无电，常闭导通。电信号由左母线经 X000 常开，过 X1 常闭到达输出继电器线圈 Y000，控制台指示灯亮。

Y000 常开与 X000 常开并联，Y000 得电后，Y000 常开吸合，此时放开启动按钮 S01（即 X000 失电，常开断开），输出继电器线圈 Y000 依然有电。

(a)

图 5-18 完整程序

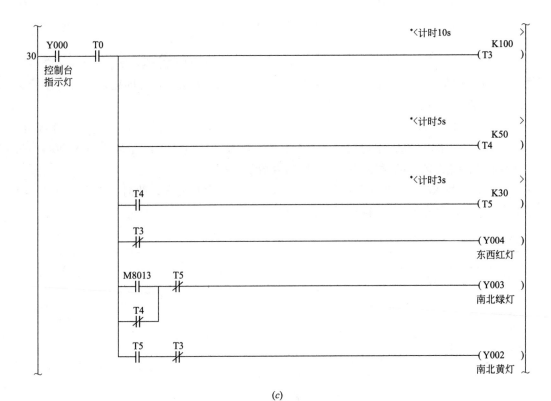

(b)

(c)

图 5-18　完整程序（续）

直到按下 S02 停止按钮，输入继电器 X1 得电，常闭断开，输出继电器线圈 Y000 失电，控制台指示灯灭。

2）整段程序以控制台指示灯（Y000）为前提，东西红灯 10s 计时（T3）完毕前执行。T0 计时 $0.1\times150=15s$，同时 T1 计时 $0.1\times100=10s$。T1 计时完毕后，T2 计时 $0.1\times30=3s$。

T0 计时完毕前，线圈不得电，常闭导通，输出继电器 Y001 得电，南北红灯亮。

T1 计时完毕前，T2 未计时，线圈不得电，常闭导通，输出继电器 Y006 得电，东西绿灯亮。T1 计时完毕后，T2 计时完毕前，左母线的电信号经 1s 脉冲继电器 M8013，过 T2 常闭，到输出继电器 Y6 线圈，东西绿灯闪。T2 计时完毕后，线圈通电，常闭端口，输出继电器 Y006 线圈失电，东西绿灯灭。

T2 计时完毕后，T0 计时完毕前，东西黄灯（Y005）亮。T0 计时完毕后南北红灯（Y001 灭）、东西黄灯（Y005）灭。

3）整段程序以控制台指示灯（Y000）为前提，南北红灯 15s 计时（T0）完毕后执行。T3 计时 $0.1\times100=10s$，同时 T4 计时 $0.1\times50=5s$，T4 计时完毕后，T5 计时 $0.1\times30=3s$。

T3 计时完毕前，线圈不通电，常闭导通，输出继电器 Y004 得电，东西红灯亮。

T4 计时完毕前，T5 未计时，线圈不通电，常闭导通，输出继电器 Y003 得电，南北绿灯亮。T4 计时完毕后，T5 计时完毕前，左母线的电信号经 1s 脉冲继电器 M8013，过 T5 常闭，到输出继电器 Y003 线圈，南北绿灯闪。T5 计时完毕后，线圈通电，常闭端口，输出继电器 Y003 线圈失电，南北绿灯灭。

T5 计时完毕后，T3 计时完毕前，南北黄灯（Y002）亮。T3 计时完毕后东西红灯（Y004 灭）、东西黄灯（Y002）灭。

4）T3 计时完毕后，T0 断电，计时清零。T0 断电后，T3 断电，T0 重新计时，南北红灯（Y001）亮，进入下一次循环，直到控制台指示（Y000）灯停止。

（7）评价标准

评价标准表

表 5-9

序号	竞赛内容	竞赛标准	扣分项
1	新建工程并设置	新建工程并正确设置工程类型	设置不正确
2	程序保存	按要求正确的保存文件	保存路径不正确
3	软元件注释	根据给定的 I/O 分配表对软元件注释	软元件注释不正确
4	编写程序	根据功能要求编写程序	程序编写不正确

5.5　空调系统 PLC 程序调整与检测

1. 器件准备

（1）器件清单

器件清单表

表 5-10

序号	设备名称	品牌	数量	单位	设备图片	设备二维码
1	GX WORKS2 软件	三菱	1	个		
2	管理电脑	三汇	1	个		04.02 001 管理电脑
3	触摸显示器	戴尔	1	个		04.02 002 触摸显示器
4	鼠标	国产	2	个		04.02 003 鼠标
5	键盘	国产	1	个		04.02 004 键盘

（2）程序案例

启动逻辑：冷冻水水泵——冷却水水泵和冷却塔风机——送风机和回风机——冷水机组。

停止逻辑：冷水机组——冷却水水泵和冷却塔风机——冷冻水水泵——送风机和回风机。注：每工步间隔均为 1min，各工步中电动机数多于 1 个，采用同时启动方式。

I/O 分配见表 5-11 所示：

| I/O 分配表 | | | | 表 5-11 |

输入		输出	
输入	名称	输出	名称
X0	SB1 启动按钮	Y0	冷冻水泵
X1	SB2 停止按钮	Y1	冷却水泵
		Y2	冷却塔
		Y3	送风机
		Y4	回风机
		Y5	冷水机组

梯形图程序如图 5-19 (a)、(b)、(c)、(d) 所示：

(a)

(b)

图 5-19　梯形图程序

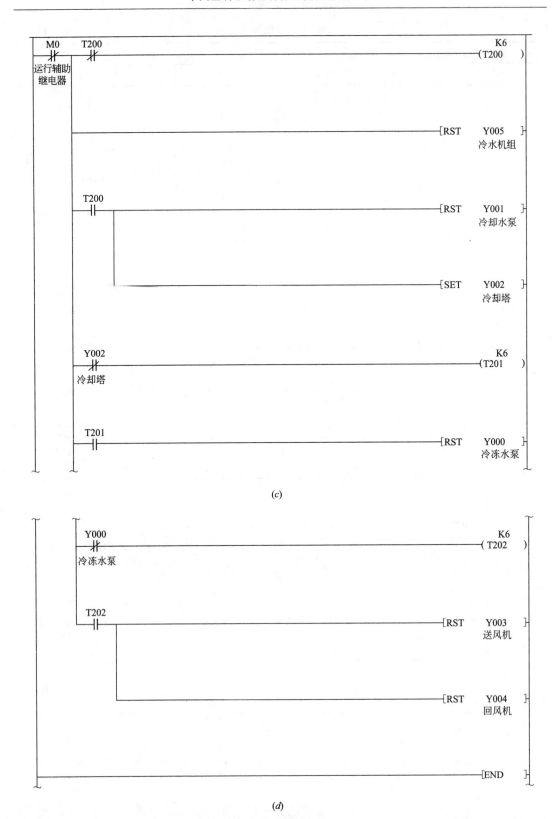

(c)

(d)

图 5-19　梯形图程序（续）

2. 操作步骤

(1) 编程思路

PLC程序改错运行

启动顺序：先启动冷冻水水泵 (Y000)；1min 后，启动冷却水水泵 (Y001) 和冷却塔风机 (Y002)；再 1min 后，启动送风机 (Y003) 和回风机 (Y004)；再过 1min 后，冷水机组 (Y005) 运行。

停止顺序：先停止冷水机组 (Y005)；1min 后，停止冷却水水泵 (Y001) 和冷却塔风机 (Y002)；再 1min 后，停止冷冻水水泵 (Y000)；再过 1min 后，停止送风机 (Y003) 和回风机 (Y004)。

启动和停止是两个相反的持续状态，需要一个辅助继电器 (M0) 做启保停控制，T0 时间精度为 0.1s，计时 1min 需要循环 600 次 (K600)；T200 时间精度为 0.01s，计时 1min 需要循环 6000 次 (K6000)。

1) 打开编程软件，在编程软件中打开源程序。

2) 参考编程思路，找出源程序中的问题点，并进行修改。

3) 模拟仿真修改后的程序，若有问题再次修改；确认无误后，保存程序并关闭软件。

(2) 参考程序

如图 5-20 (a)、(b)、(c)、(d) 所示。

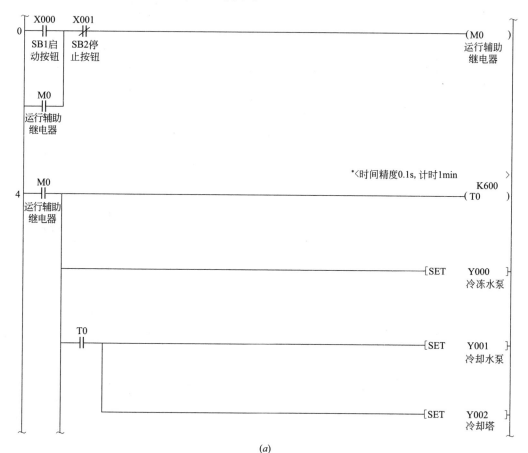

(a)

图 5-20　参考程序

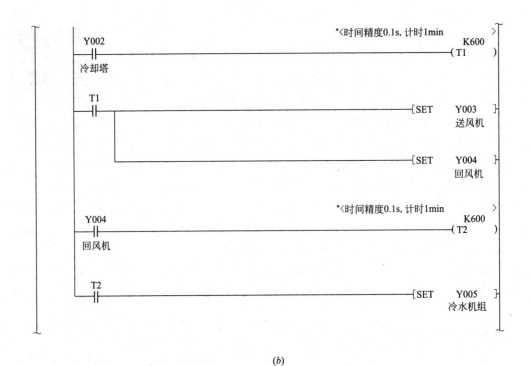

(b)

(c)

图 5-20 参考程序(续)

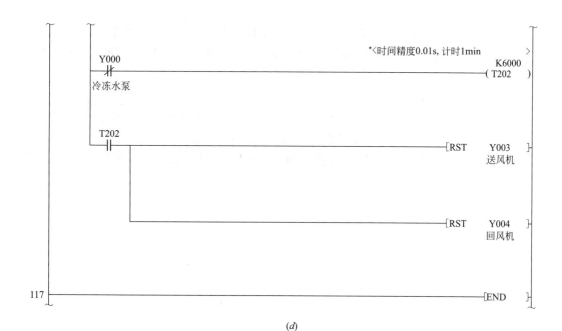

(d)

图 5-20　参考程序（续）

3. 评价标准

评价标准表　　　　　　　　　　　　　　　　　　表 5-12

序号	竞赛内容	竞赛标准	扣分项
1	程序修正	找出程序中有问题的地方并改正	未完全找出程序中的错误
2	参数设置	根据要求进行参数设置	参数设置不正确

5.6　实 训 任 务

1. 用 GX WORKS2 编程软件，为 FX3CU/FX3UC PLC 编程。

2. 编程方法：梯形图。

3. 用 GX WORKS2 编程软件模拟调试通过。

4. 编程要求：

（1）程序文件名称：［日期］［竞赛场次］［选手编号］［选手姓名］。日期的写法举例：20160930；竞赛场次的写法举例：第 1 场。

（2）在 d：盘根目录下建立文件夹，将程序文件存入。文件夹名称：［日期］［竞赛场次］［选手编号］［选手姓名］。

（3）程序逻辑：

1）启动逻辑：冷冻水水泵——冷却水水泵和冷却塔风机——送风机和回风机——冷水机组。

2）停止逻辑：冷水机组——冷却水水泵和冷却塔风机——冷冻水水泵——送风机和

04.04
001

任务解析

73

回风机。

注：每工步间隔均为 20s，各工步中包含一个以上电动机，采用同时全压启动方式。

必须有紧急停止按钮；其中必须有一个延时环节用秒脉冲＋计数器的形式。梯形图中必须有注释。

5. 修改程序要求：

（1）在 d：盘根目录下有一个程序，主程序名为：2016PLC01，请改正其中的错误。

（2）在 d：盘根目录下建立文件夹，文件夹名称：［日期］［选手编号］［选手姓名］。将修改后的程序文件存入，主程序名修改为：［日期］［选手编号］［选手姓名］（要求同上）。

第6章 空调系统综合运行管理

6.1 简　介

中央空调系统工作需要根据室外天气的变化制定节能运行的全年调节策略，内容包括：确定相应的风、水系统的质、量调节方式，空调设备的开启台数、水系统的供回水温度、风系统的送风温度、新风的用量，及时调节供冷、供热量等。此时需要通过 PLC 对中央空调系统进行控制，其中 PLC 扩展模块采集中央空调系统中各类传感器信号并控制各种阀门动作；采用变频器可对风机和水泵等进行变频调速。同时可以通过组态王软件直观、方便地对中央空调系统进行远程监控。

ST-2000C中央空调
MOOC互联网+综
合实训系统

6.2　PLC 扩展模块、变频器设置

1. 系统结构

如图 6-1 所示，PLC 与电脑通过 USB-SC09-FX 编程线缆连接；PLC 与扩展模块（FX2N-8AD、FX3U-4DA）之间通过自带线排首尾相接；PLC 与变频器通过 FX3U-485-BD 模块进行通信。

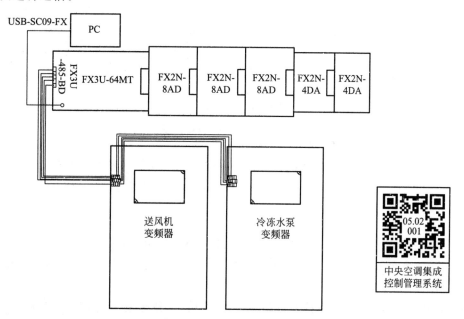

图 6-1　PLC 与电脑、扩展模块、变频器通信连接图

PLC 可以直接指定特殊功能模块和特殊功能单元的 BFM（缓冲存储器）。BFM 表示为一个 4 位 16 进制的代码，主要用于应用指令的操作数。

特殊功能模块或特殊功能单元的模块号 U（特殊模块在 PLC 主机后面的拼接序号）和 BFM 编号 G 后指定格式（U□ \ G□）。单元号（U）范围 0～7，BFM 编号（G）范围 0～3276。

例如：U0 \ G0 表示模块号为 0 的特殊功能模块或特殊功能单元的 BFM♯0 号。此外，在 BFM 编号中可以进行变址修正。指定范围如下所示。

变频器与 PLC 通信需对变频器面板与 PLC 做通信参数设置，且参数设置应保持一致。然后在 PLC 程序中写入变频器运行参数及监视变频器运行状态。

（1）FX2N-8AD（8 通道模拟量输入模块）

1）工作电源：DC24V。

2）接线方式。电压信号或热电偶信号只接 V＋和 COM；电流信号需要将 V＋与 I＋短接，如图 6-2 所示。

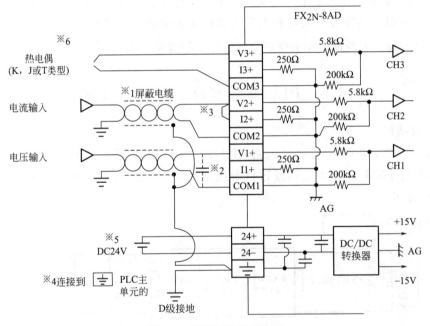

图 6-2　FX2N-8AD 接线图

3）标准 I/O 特性（部分）。电压输入对应关系为：－10V～10V（DC）对应－16000～16000，分辨率为 10V/16000＝0.63mV；4～20mA（DC）对应 0～8000，分辨率为 16mA/8000＝2μA，如图 6-3 所示。

4）缓冲存储器 BFM（部分）

① BFM♯0，♯1：指定 FX2N-8AD 的 8 个端口的模拟信号输入模式。

BFM♯0 里写入一个数值，可以指定 CH1 到 CH4 的输入模式；BMF♯1 里写入一个数值，可以指定 CH5 到 CH8 的输入模式。

每个 BFM 表示为一个 4 位 16 进制的代码，每一位分配了一个通道的编码。每一个通道对应的数据位可以输入 0～8 的数值，如图 6-4 所示。

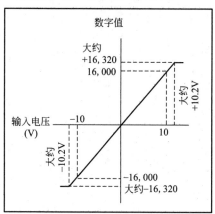

0. 电流输入，-10～+10V，20V×1/32, 000

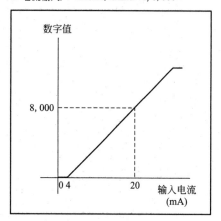

3. 电流输入，4～20mA，16mA×1/8, 000

图 6-3　FX2N-8AD I/O 特性

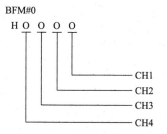

BFM#0

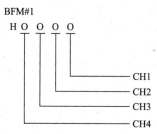

BFM#1

O＝0：电压输入模式（−10～+10V），分辨率为 0.63mV（20V×1/32, 000）；

O＝1：电压输入模式（−10～+10V），分辨率为 2.50mV（20V×1/8, 000）；

O＝2：电压输入模式，模拟值直接显示（−10, 000 到 10, 000），分辨率为 1mV；

O＝3：电压输入模式（4～20mA），分辨率为 2.00μA（16mA×1/8, 000）；

O＝4：电压输入模式（4～20mA），分辨率为 4.00μA（16mA×1/4, 000）；

O＝5：电压输入模式，模拟值直接显示（4, 000 到 20, 000），分辨率为 2.00μA；

O＝6：电压输入模式（−20～20mA），分辨率为 2.50μA（40mA×1/16, 000）；

O＝7：电压输入模式（−20～20mA），分辨率为 5.00μA（40mA×1/8, 000）；

O＝8：电压输入模式，模拟值直接显示（−20, 000～+20, 000），分辨率为 2.50μA。

图 6-4　FX3U-8AD 指定输出模式

② BFM♯2～BFM♯9：平均次数。

平均次数是模拟量输入模块对多次采样进行平均取值的设定。当设定 FX2N-8AD 输出 BFM♯10～BFM♯17 作为平均数据时，在 BFM♯2～BFM♯9 中填入平均次数即可，设定范围为 1～4095，设定为 1 时，则当前值直接保存到 BFM♯10～BFM♯17 中。

③ BFM♯10～BFM♯17：数据通道。

数据通道是拓展模块外部信号存储和控制信号写入的缓冲存储器分区。FX2n-8AD 每一个通道的 A/D 转换数据分别写入 BFM♯10～BFM♯17 中，供 PLC 读取。

（2）FX3U-4DA（4 通道模拟量输出模块）

1）工作电源：DC24V。

2）接线方式。电压输出接 V＋和 VI－；电流输出接 I＋和 VI－；·不接线，如图 6-5 所示。

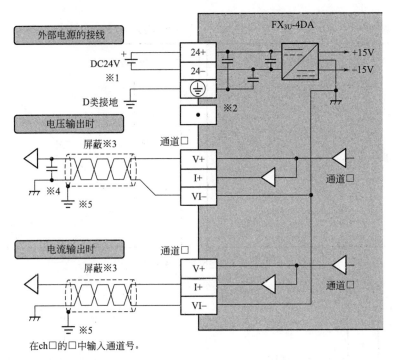

图 6-5　FX3U-4DA 接线图

3）标准 I/O 特性（部分）。FX3U-4DA 电压输出对应关系为：－10～10V（DC）对应－32000～32000；电流输出关系为：4～20mA（DC）对应 0～10000；FX2N-4DA 电压输出对应关系为：－10～10V（DC）对应－2000～2000；电流输出关系为：4～20mA（DC）对应 0～1000，如图 6-6 所示。

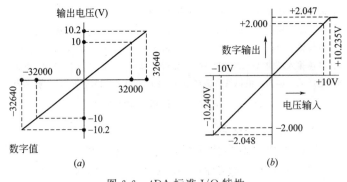

图 6-6　4DA 标准 I/O 特性
（a）FX3U-4DA；（b）FX2N-4DA

4）缓冲存储器 BFM（部分）

① BFM♯0：指定模拟量输出模块 FX2N-4DA（FX3U-4DA）的 4 个接线端口输出信号模式。

BFM♯0 里写入一个数值，可以指定 CH1～CH4 的输入模式。每个 BFM 表示为一个 4 位 16 进制的代码，每一位分配了一个通道的编码。每一个通道对应的数据位中可以输入 0～E 的数值，如图 6-7 所示。

设定值〔HEX〕	输出模式	模拟量输出范围	数字量输入范围
0	电压输出模式	$-10\sim10$V	$-32000\sim32000$
1*	电压输出模拟量值 mV 指定模式	$-10\sim10$V	$-10000\sim10000$
2	电流输出模式	$0\sim20$mA	$0\sim32000$
3	电流输出模式	$4\sim20$mA	$0\sim32000$
4*	电流输出模拟量值 μA 指定模式	$0\sim20$mA	$0\sim20000$
5~E	无效（设定值不变化）	—	—

图 6-7　4DA 模块指定输出模式

② BFM♯1～BFM♯4：数据通道

PLC 将数据分别写入 4DA 的数据通道 BFM♯1～BFM♯4 中，每一个通道对应的接线端口输出相应的模拟量信号。

（3）FR-F740-0.75k（变频器）

1）工作电源：三相 380V。

2）安装方式：竖装。

3）RS485 接线。PLC 上的 485 模块（FX3U-485-DB）与变频器连接方式，变频器之间的接线方式，如图 6-8 所示。

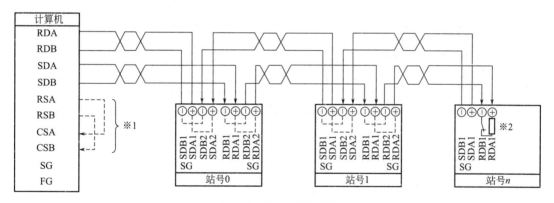

图 6-8　变频器接线图

4）参数设置

① 接通电源时的运行模式（Pr.79，Pr.340），见表 6-1：

接通电源时的运行模式（Pr.79，Pr.340）　　　　　　　　　　　表 6-1

Pr.340 设定值	Pr.79 设定值	接通电源时,电源恢复时, 复位时的运行模式	关于运行模式的切换
0 （初始值）	0 （初始值）	外部运行模式	能够切换到外部,PU,网络运行模式
	1	PU 运行模式	PU 运行模式固定

续表

Pr. 340 设定值	Pr. 79 设定值	接通电源时,电源恢复时,复位时的运行模式	关于运行模式的切换
0 (初始值)	2	外部运行模式	能够切换到外部,网络运行模式 不允许切换到PU运行模式
	3,4	外部/PU组合模式	不允许切换运行模式
	6	外部运行模式	能够切换到外部,PU,网络运行模式
	7	X12(MRS)信号 ON……外部运行模式	能够切换到外部,PU,网络运行模式
		X12(MRS)信号 OFF……外部运行模式	外部运行模式固定(强制切换到外部运行模式)
1,2	0	网络运行模式	与 Pr. 340="0"相同
	1	PU运行模式	
	2	网络运行模式	
	3,4	外部/PU组合模式	
	6	网络运行模式	
	7	X12(MRS)信号 ON……网络运行模式	
		X12(MRS)信号 OFF……外部运行模式	
10,12	0	网络运行模式	能够切换到PU,网络运行模式
	1	PU运行模式	与 Pr. 340="0"相同
	2	网络运行模式	网络运行模式固定
	3,4	外部/PU组合模式	与 Pr. 340="0"相同
	6	网络运行模式	继续运行的同时,能够切换到PU,网络运行模式
	7	外部运行模式	与 Pr. 340="0"相同

② 通信运行时的运行指令权（Pr. 338），见表 6-2：

通信运行时的运行指令权（Pr. 338） 表 6-2

参数号	名称	设定范围(初始值 0)	内容
338	通信运行指令权	0	运行指令权通信
		1	运行指令权外部

③ RS-485 端子通信相关参数，见表 6-3：

RS-485 端子通信相关参数 表 6-3

参数号	名称	初始值	设定范围	内容
331	RS-485 通信站号	0	0～31(0～247)	设定变频器站号
332	RS-485 通信速率	96	3,6,12,24,48,96,192,384	选择通信速率
333	RS-485 通信停止位长	1	0,1,10,11	选择停止位长,数据长
334	RS-485 通信奇偶校验选择	2	0	无奇偶检查; 停止位长2位
			1	有奇数; 停止位长1位
			2	有偶数; 停止位长1位

续表

参数号	名称	初始值	设定范围	内容
335	RS-485 通信再试次数	1	0～10,9999	设定发生数据接收错误后的再试次数允许值
336	RS-485 通信校验时间间隔	9999	0	可以进行 RS-485 通信,切换到 NET 运行模式后,报警停止
			0.1～999.8s	设定通信校验时间间隔
			9999	不进行通信校验
337	RS-485 通信等待时间设定	9999	0～150ms,9999	设定向变频器发送后直到返回的等待时间
341	RS-485 通信 CR/LF 选择	1	0,1,2	选择有无 CR - LF

④ 频率及加减速设定，见表 6-4：

频率及加减速设定　　　　　　　　　　　　　　　表 6-4

参数号	名称	初始值		设定范围	内容
1	上限频率	55K 以下	120Hz	0～120Hz	设定输出频率的上限
		S75K 以上	60Hz		
2	下限频率	0Hz		0～120Hz	设定输出频率的下限
3	基准频率	50Hz(50Hz/60Hz)		0～400Hz	设定电机额定转矩时的频率
7	加速时间	7.5K 以下	5s	0～3600/360s	设定电机加速时间
		11K 以上	15s		
8	减速时间	7.5K 以下	5s	0～3600/360s	设定电机减速时间
		11K 以上	15s		

⑤ PID 控制 （Pr. 127～Pr. 134，Pr. 575～Pr. 577），见表 6-5：

PID 控制 （Pr. 127～Pr. 134，Pr. 575～Pr. 577）　　　　表 6-5

参数号	名称	初始值	设定范围		内容
127	PID 控制自动切换频率	9999Hz	0～400Hz		设定自动切换到 PID 控制的频率
			9999		无 PID 控制自动切换功能
128	PID 动作选择	10	10	PID 负作用	偏差量信号输入(变频器端子 1)
			11	PID 正作用	
			20	PID 负作用	测定值(变频器端子 4)
			21	PID 正作用	目标值(变频器端子 2 或 Pr.133)
			50	PID 负作用	偏差值信号输入(LONWORKS,CC-Link 通信)
			51	PID 正作用	
			60	PID 负作用	测定值,目标值输入(LONWORKS,CC-Link 通信)
			61	PID 正作用	

参数号	名称	初始值	设定范围	内容
129	PID 比例带	100%	0.1～1000%	如果比例常数范围较窄(参数设定值较小)反馈量的微小变化会引起执行量的很大改变。因此,随着比例范围变窄,响应的灵敏性(增益)得到改善,但稳定性变差,例如:发生振荡。增益 $K_p=1/$比例常数
			9999	无比例控制
130	PID 积分时间	1s	0.1～3600s	在偏差步进输入时,仅在积分(I)动作中得到与比例(P)动作相同的操作量所需要的时间(T_i)。随着积分时间的减少,到达设定值就越快,但也容易发生振荡。
			9999	无积分控制
131	PID 上限	9999	0～100%	设定上限。如果反馈量超过此设定,就输出 FUP 信号。测定值(变频器端子 4)的最大输入(20mA/5V/10V)等于 100%
			9999	功能无效
132	PID 下限	9999	0～100%	设定下限。如果检测值超过此设定,就输出 FDN 信号。测定值(变频器端子 4)的最大输入(20mA/5V/10V)等于 100%
			9999	功能无效
133	PID 目标设定	9999	0～100%	设定 PID 控制时的设定值
			9999	端子 2 输入为目标值
134	PID 微分时间	9999	0.01～10.00s	在偏差指示灯输入时,得到仅比例(P)动作的操作量所需要的时间(T_d)。随着微分时间的增大,对偏差的变化的反应也加大
			9999	无微分控制

⑥ 设定 Pr. CL 参数清除="1"时,参数恢复到初始值。(如果 Pr. 77 参数写入选择="1"时无法清除参数;用于校正的参数无法清除。)

⑦ 变频器参数的写入和读取,见表 6-6:

变频器参数的写入和读取 　　　　　表 6-6

项目	写入	命令代码	数据内容
运行模式	读取	H7B	H0000:网络运行 H0001:外部运行
	写入	HFB	H0002:PU 运行(通过 PU 接口进行 RS-485 通信运行)
输出频率[转速]	读取	H6F	H0000～HFFFF:输出频率单位 0.01Hz (转速单位 1r/min,Pr. 37=1～9998 或者 Pr. 144=2～10,102～110 时)
输出电流	读取	H70	H0000～HFFFF:输出电流(16 进制) 单位 0.01A(55K 以下)/0.1A(S75K 以上)
输出电压	读取	H71	H0000～HFFFF:输出电压(16 进制)单位 0.1V
运行指令	写入	HFA	b0:RUN(变频器运行中)* b1:正转中 b2:反转中 b3:SU(频率到达)* b4:OL(过负载)* b5:IPF(瞬时停电)* b6:FU(频率检测)* b7:ABC1(异常)

续表

项目	写入	命令代码	数据内容
写入设定频率（RAM）	写入	HED	在 RAM 或 EEPROM 中写入设定频率/旋转数。 H0000～H9C40(0～400.00Hz)：频率单位 0.01Hz(16 进制)；H0000～
写入设定频率（RAM，EEPROM）		HEE	H270E(0～9998)：旋转数单位 r/min(Pr.37＝1～9998 或 Pr.144＝2～10,102～110 时) 连续变更设定频率的情况下，请写入变频器的 RAM 中(命令代码：HED)

2. 器件准备

器件准备表

表 6-7

序号	设备名称	品牌	数量	单位	设备图片	设备二维码
1	GX WORKS2 软件	三菱	1	套		
2	管理电脑	三汇	1	台		 管理电脑
3	FX3CU-64MT	三菱	1	个		 FX3CU-64MT
4	FX2N-8AD	三菱	3	台		 FX2N-8AD
5	FX3U-4DA	三菱	2	台		 FX3U-4DA

续表

序号	设备名称	品牌	数量	单位	设备图片	设备二维码
6	FR-F740-0.75k	三菱	1	台		05.02 006 FR-F740-0.75k
7	USB-SC09-FX	三菱	1	个		05.02 007 USB-SC09-FX
8	FX3U-485-BD	三菱	1	个		05.02 008 FX3U-485-BD
9	触摸显示器	戴尔	1	台		04.02 002 触摸显示器

3. 操作步骤

（1）PLC 与电脑通信

1）将 PLC 编程线缆两端分别插在 PLC 的编程口和电脑的 USB 口。

2）PLC 通电，电脑开机。

3）安装编程线缆驱动（光盘自带或者网上下载）。

4）在电脑桌面上右击"计算机"，弹出菜单栏点击"管理"进入计算机管理，点击"设备管理器"中的"端口（COM 和 LPT）"查看编程线缆串口号为"COM4"，如图6-9、图6-10 所示。

5）打开编程软件，新建工程，点击导航栏的"连接目标"，选择"当前连接目标"，点击进行连接  目标设置，如图 6-11 所示。设置完毕后，点击"通信测试（T）"如图6-12 所示。

图 6-9　鼠标右击"计算机"

图 6-10 串口号查询

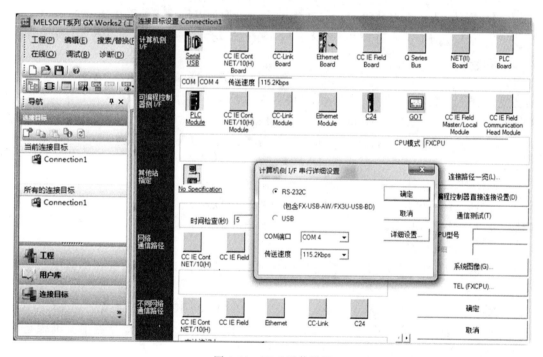

图 6-11 PLC 通信设置

（2）PLC 扩展模块

1）将扩展模块依次接在 PLC 后面，并分别上电 AC220V、DC24V，PLC 与电脑正常通信。

2）打开编程软件，按照扩展模块先后顺序以及输入信号类型，编写设置和读取程序。PLC 后依次接 3 个 FX2N-8AD 和 2 个 FX3U-4DA。

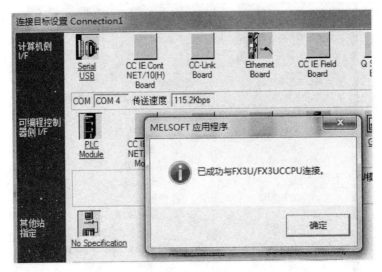

图 6-12　通信测试

PLC对扩展模块的
设置和信号采集

① 用 FMOV 指令对模块做初始化设置，U0 的 8 个通道均为电压输入，平次数为 100；U1 的 8 个通道均为电压输入，平次数为 100；U1 的前 2 个通道为电压输入，后 6 个通道均为电流输入，平次数为 100，如图 6-13 所示。

FMOV 为多点传送指令，［FMOVE H0 U0/G0 K2］表示把十六进制数 H0 连续写进第一个模块中从 BFM♯0（缓冲存储器 0 区）开始的 2 个分区中（0 区、1 区）。FX2N-8AD 的 BFM♯0、BFM♯1 是两个 4 位 16 进制的代码，可以对 8AD 的 1～8 号接线端口接入的传感器信号进行分类识别。写入 H0（即 H0000）表示 8 个通道均为电压－10～10V 信号，对应存储数值为－16000～16000。

［FMOVE K100 U0/G2 K8］表示把十进制数 K100 连续写进第一个模块中从 BFM♯2（缓冲存储器 2 区）开始的 8 个分区中（2～9 区）。可以对 8AD 的 1～8 号接线端口的传感器信号进行采样平均取值。写入 100 表示 8 个通道分别采样 100 次取平均值存入缓冲存储器中。

② 开机 5s 后用 BMOV 指令将 8AD 模块的数据读取到 PLC 的数据存储器中，如图 6-14所示。

BMOV 为成批转移指令，［BMOVE U0/G10 D1000 K8］表示把第一个模块中从 BFM♯10 开始的 8 个分区中的数值写进从 D1000 开始的 8 个数据寄存器中。也就是将 FX2N-8AD 采集的传感器信号对应的数值采集到 PLC 中。

③ 用 MOV、BMOV 指令分别设置 8 AD 后面的 2 个 4DA 的输出类型和输出数据的数据寄存器地址，如图 6-15 所示。

MOV 为传送指令，［MOVE H0 U3/G0］表示把 16 进制数 H0 写进第 4 个模块的 BFM♯0（缓冲存储器 0 区）中。FX2N-4DA 的 BFM♯0 是 1 个 4 位 16 进制的代码，可以对 4DA 的 1～48 号接线端口输出的控制信号进行设置。写入 H0（即 H0000）表示 4 个通道均为电压－10～10V 信号，对应存储数值为－16000～16000。

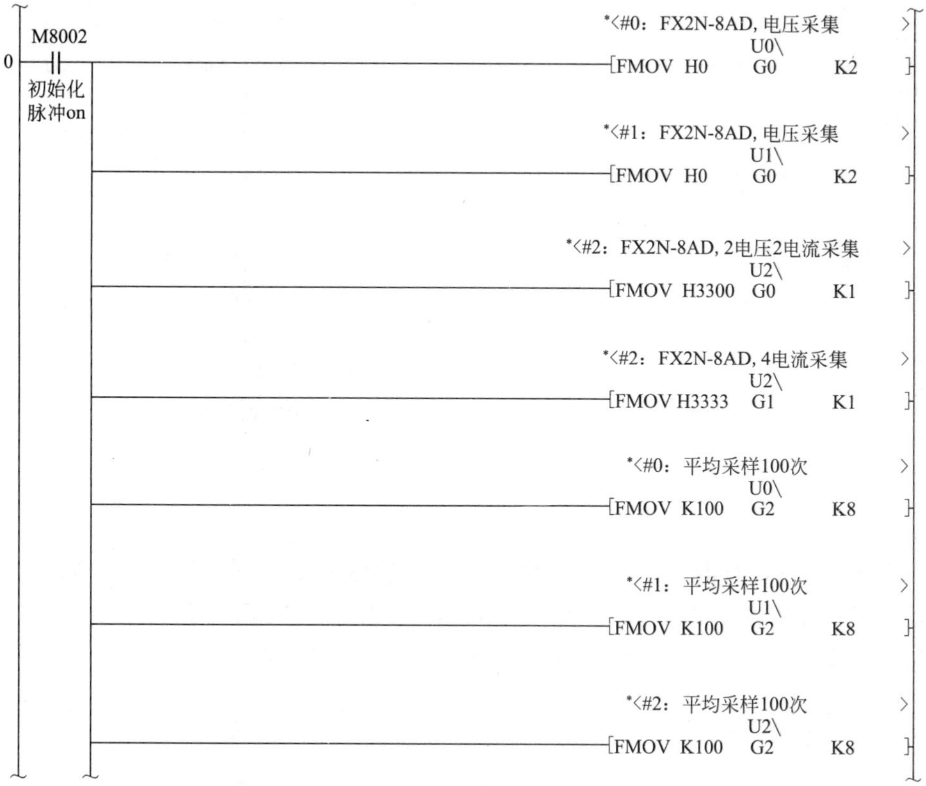

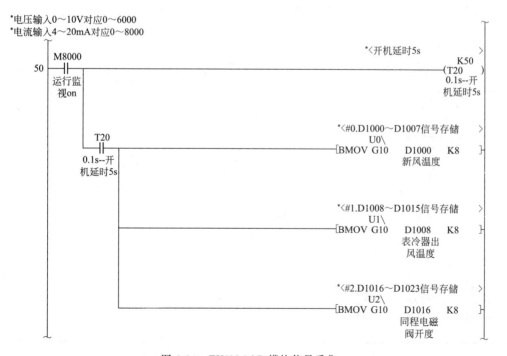

图 6-13　FX2N-8AD 模块初始化设置

图 6-14　FX2N-8AD 模块信号采集

```
                                            *<#3, CH1～CH4电压输出          >
    M8000                                                           U3\
76   ┤├                                             ─[ MOV    H0      G0  ]
    运行监
    视on                                    *<CH1～CH4通道电压写入D1024～D1027  >
                                                                    U3\
                                        ─[ BMOV   D1024    G1    K4  ]
                                              新风阀

                                            *<#4, CH1～CH4电压输出          >
                                                                    U4\
                                                 ─[ MOV    H0      G0  ]

                                            *<CH1～CH4通道电压写入D1028～D1031  >
                                                                    U4\
                                        ─[ BMOV   D1028    G1    K4  ]
                                              冷冻水旁
                                              通阀
```

图 6-15　FX3U-4DA 输出设置

④ 程序编好后，右击选择鼠标菜单栏的转换 <kbd>转换(B)</kbd> 或按快捷键 F4，将编好的程序转换，然后选择工具栏中的在线 "PLC 写入"，进入在线数据操作界面，选择 "写入（W）"、"参数＋程序"，点击执行将程序写入 PLC 中，如图 6-16 所示。

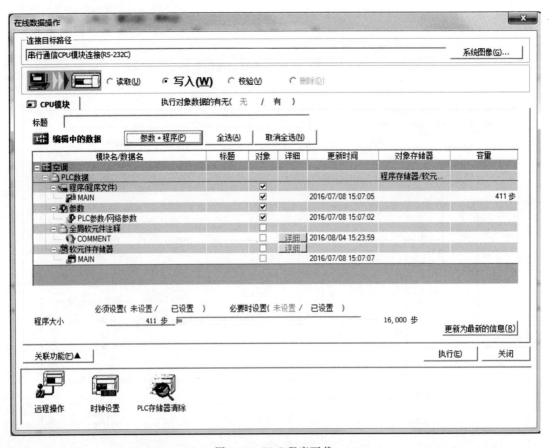

图 6-16　PLC 程序下载

⑤ 程序写入 PLC 后，点击软件界面右上角的监视 ，可以看到对应数据存储器中有数据写入，如图 6-17 所示。若无数据显示，用万用表查看扩展模块端口电压或电流，若有值（FX2N-8AD、FX3U-4DA），则检查程序；若无值（FX2N-8AD），则检查线路。

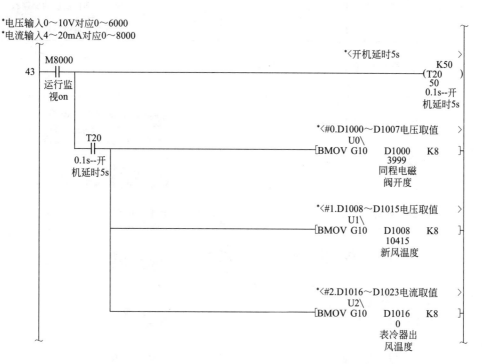

图 6-17　扩展模块程序运行调试

（3）变频器

1）将两台 PLC 的 RS485 线串接在一起，然后接在 PLC 的 FX3U-485-BD 模块上，分别给 PLC 和变频器上电 220V、380V。

2）分别对两台变频器和 PLC 做出设置，具体内容见表 6-8：

PLC与变频器的通信设置和监控

变频器和 PLC 设置　　　　　　　表 6-8

参数号	名称	设置值	内容
Pr.331	RS-485 通信站号（地址）	0/1	设定该变频器为 0/1 号站
Pr.332	RS-485 通信波特率	9600	设定波特率为 19200
Pr.333	RS-485 长度/停止位	0	设定数据长度8/停止位1
Pr.334	RS-485 校验位	2	设定偶校验
Pr.335	RS-485 重试次数	9999	设定通信继续
Pr.336	RS-485 通信时间间隔	9999	设定不进行通信检查
Pr.337	RS-485 通信等待时间	9999	设定用通信数据设定

续表

参数号	名称	设置值	内容
Pr.341	RS-485 通信 CR/LF	1	设定有 CR
Pr.340	RS-485 通信模式	10	设定网络运行模式
Pr.338	RS-485 通信控制指令权	0	设定外部控制启动变频器
Pr.79	RS-485 通信	0	设置开机运行模式

① 将变频器参数清零，如图 6-18 所示。

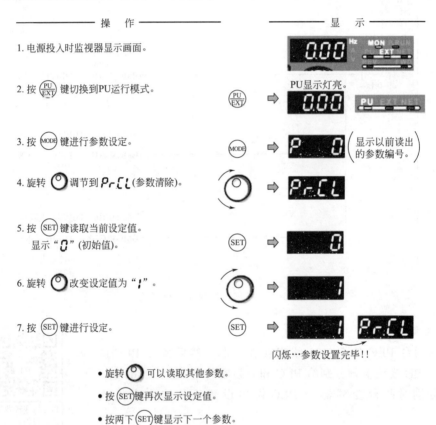

——— 操 作 ———

1. 电源投入时监视器显示画面。

2. 按 PU/EXT 键切换到 PU 运行模式。

3. 按 MODE 键进行参数设定。

4. 旋转 旋钮 调节到 PrCL（参数清除）。

5. 按 SET 键读取当前设定值。
   显示 "0"（初始值）。

6. 旋转 旋钮 改变设定值为 "1"。

7. 按 SET 键进行设定。

——— 显 示 ———

PU 显示灯亮。

（显示以前读出的参数编号。）

闪烁…参数设置完毕!!

• 旋转 旋钮 可以读取其他参数。

• 按 SET 键再次显示设定值。

• 按两下 SET 键显示下一个参数。

图 6-18 变频器参数清零设置

② 根据上述参数对变频器进行设置，变频器站号依次是 0，1。

③ 打开 GX-Works2 软件，新建工程；点击导航栏下方工程里面的 "PLC 参数"，进入 FX 参数设置界面，选择 "PLC 系统设置（2）"，按照图 6-19 所示设置。

④ 在梯形图中用 IVDR 指令编程设置变频器的运行方式、频率写入寄存器；用 IVCK 指令编程设置变频器的频率、电压、电流监视寄存器。打开 GX-Works2 软件进入在线监视状态，即可设置变频器频率和采集变频器运行频率、电压、电流，如图 6-20 所示。

IVDR 为变频器的运行控制指令，[IVDR K0 H0FA K2M1020 K1] 表示把从 M1020 开始的 8 个地址位的数据写入 0 号（K0）变频器的运行控制寄存器 H0FA 中，用于控制 0

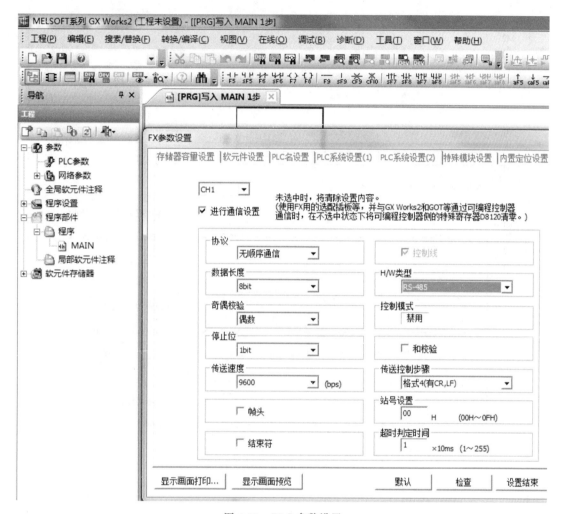

图 6-19　PLC 参数设置

号变频器的运行方式，K1 表示通道 1（PLC 参数设置时的通道 CH1）。

IVCK 为变频器的运转监视指令，［IVCK K0 H6F D1041 K1］表示把 0 号变频器的输出频率寄存器 H6F 中的数据读取到 PLC 数据寄存器 D1041 中，用于读取变频器工作时的频率，K1 表示通道 1（PLC 参数设置时的通道 CH1）。

4. 评价标准

评价标准表

表 6-9

序号	竞赛内容	竞赛标准	扣分项
1	修改程序	找出程序中有问题的地方并改正	修改错误； 未找到问题； 未存盘
2	设置参数	根据要求进行参数设置	设置错误； 未按照要求设置； 未存盘

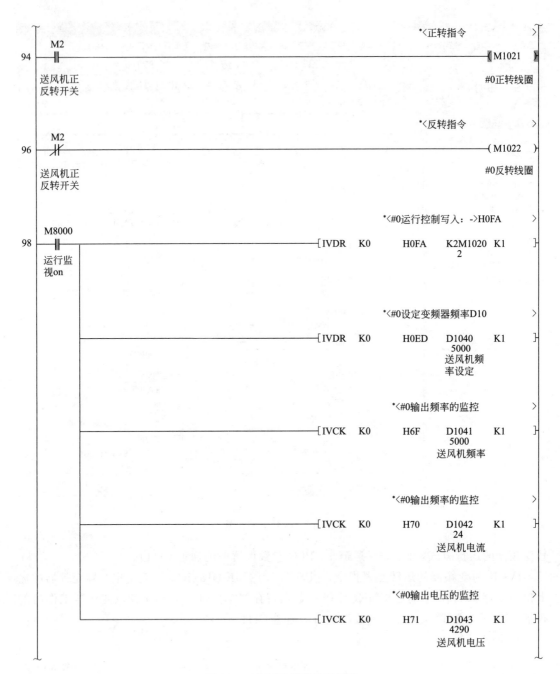

图 6-20 变频器程序运行调试

6.3 组态王设值与修改

1. 系统结构

如图 6-21 所示，中央空调操作系统的控制器 PLC 通过通信线缆与电脑相连；由电脑中的组态软件进行检测控制。

图 6-21　中央空调操作系统与组态王监控

（1）组态王 6.55 运行环境

1）CPU：P4 处理器、1GHz 以上或相当型号。

2）内存：最少 128MB，推荐 256MB，使用 WEB 功能或 2000 点以上推荐 512MB。

3）显示器：VGA、SVGA 或支持桌面操作系统的任何图形适配器。要求最少显示 256 色。

4）鼠标：任何 PC 兼容鼠标。

5）通信：RS-232C。

6）并行口或 USB 口：用于接入组态王加密锁。

7）操作系统：Windows 2000（sp4）/Windows XP（sp3）/Windows7 简体中文版。

（2）组态王软件组成

① 组态王 6.55：组态王工程管理器程序（Project Manager）的快捷方式，用于新建工程、工程管理等。

② 工程浏览器：组态王单个工程管理程序的快捷方式，内嵌组态王画面开发系统（TouchExplorer），即组态王开发系统。

③ 运行系统：组态王运行系统程序（TouchVew）的快捷方式。工程浏览器（TouchExplorer）和运行系统（TouchVew）是各自独立的 Windows 应用程序，均可单独使用；两者又相互依存，在工程浏览器的画面开发系统中设计开发的画面应用程序必须在画面运行系统（TouchVew）运行环境中才能运行。

④ 信息窗口：组态王信息窗口程序（KingMess）的快捷方式。

⑤ 帮助：组态王帮助文档的快捷方式。

⑥ 电子手册：组态王用户手册电子文档的快捷方式。

⑦ 安装工具、安装新驱动：安装新驱动工具文件的快捷方式。

⑧ 组态王文档、组态王帮助：组态王帮助文件快捷方式。

⑨ 组态王文档、组态王 I/O 驱动帮助：组态王 I/O 驱动程序帮助文件快捷方式。

⑩ 组态王文档、使用手册电子版：组态王使用手册电子版文件快捷方式。

⑪ 组态王文档、函数手册电子版：组态王函数手册电子版文件快捷方式。

⑫ 组态王在线、在线会员注册：亚控网站在线会员注册页面。

⑬ 组态王在线、技术 BBS：亚控网站技术 BBS 页面。

⑭ 组态王在线、I/O 驱动在线：亚控网站 I/O 驱动下载页面。

（3）制作一个工程的一般过程

1）建立组态王新工程

要建立新的组态王工程，请首先为工程指定工作目录（或称"工程路径"）。"组态

新建组态工程

王"用工作目录标识工程，不同的工程应置于不同的目录。工作目录下的文件由"组态王"自动管理。

① 启动"组态王"工程管理器（Project Manager），选择菜单"文件\新建工程"或单击"新建"按钮，弹出如图 6-22 所示。

② 单击"下一步"继续。弹出"新建工程向导之二对话框"，如图 6-23 所示。

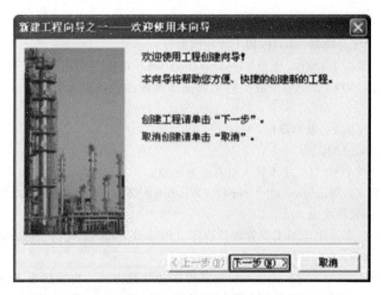

图 6-22　新建工程向导一

图 6-23　新建工程向导二

③ 在工程路径文本框中输入一个有效的工程路径，或单击"浏览……"按钮，在弹出的路径选择对话框中选择一个有效的路径。单击"下一步"继续。弹出"新建工程向导之三对话框"，如图 6-24 所示。

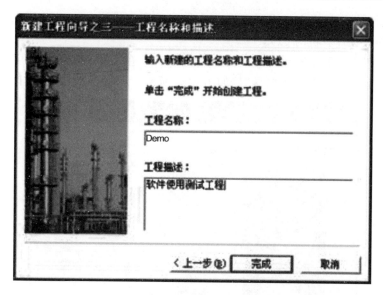

图 6-24　新建工程向导三

④ 在工程名称文本框中输入工程的名称，该工程名称同时将被作为当前工程的路径名称。在工程描述文本框中输入对该工程的描述文字。工程名称长度应小于 32 个字符，工程描述长度应小于 40 个字符。单击"完成"完成工程的新建。系统会弹出对话框，询问用户是否将新建工程设为当前工程，如图 6-25 所示。

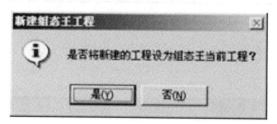

图 6-25　是否设为当前工程对话框

单击"否"按钮，则新建工程不是工程管理器的当前工程，如果要将该工程设为当前工程，还要执行"文件 \ 设为当前工程"命令；单击"是"按钮，则将新建的工程设为组态王的当前工程。定义的工程信息会出现在工程管理器的信息表格中。双击该信息条或单击"开发"按钮或选择菜单"工具 \ 切换到开发系统"，进入组态王的开发系统。建立的工程路径为：C：\ WINDOWS \ Desktop \ demo（组态王画面开发系统为此工程建立目录 C：\ WINDOWS \ Desktop \ demo 并生成必要的初始数据文件，这些文件对不同的工程是不相同的。因此，不同的工程应该分置不同的目录。这些数据文件列在附录 AX 中）。

2）定义 I/O 设备

组态王把那些需要与之交换数据的设备或程序都作为外部设备。外部设备包括：下位机（PLC、仪表、模块、板卡、变频器等），它们一般通过串行口和上位机交换数据；其他 Windows 应用程序，它们之间一般通过 DDE 交换数据；外部设备还包括网络上的其他计算机。

只有在定义了外部设备之后，组态王才能通过 I/O 变量和它们交换数据。为方便定义外部设备，组态王设计了"设备配置向导"引导用户一步步完成设备的连接。

本例中使用仿真 PLC 和组态王通信。仿真 PLC 可以模拟 PLC 为组态王提供数据。假设仿真 PLC 连接在计算机的 COM1 口。

① 选择工程浏览器左侧大纲项"设备 \ COM1",在工程浏览器右侧用鼠标左键双击"新建"图标,运行"设备配置向导",如图 6-26 所示。

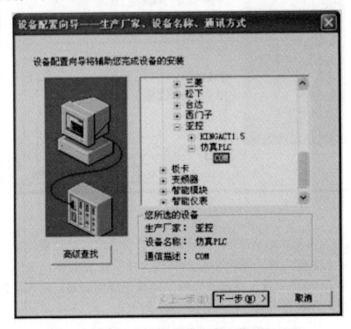

图 6-26 设备配置向导一

② 选择"仿真 PLC"的"COM"项,单击"下一步",弹出"设备配置向导",如图 6-27 所示。

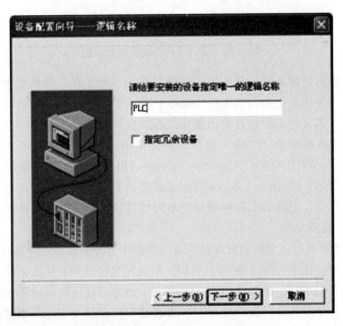

图 6-27 设备配置向导二

③ 为外部设备取一个名称，输入 PLC，单击"下一步"，弹出"设备配置向导"，如图 6-28 所示。

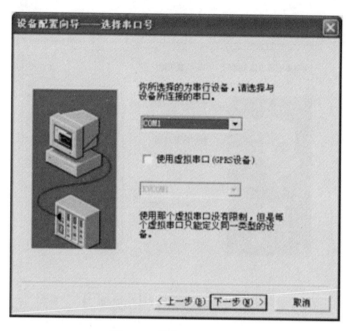

图 6-28 设备配置向导三

④ 为设备选择连接串口，假设为 COM1，单击"下一步"，弹出"设备配置向导"，如图 6-29 所示。

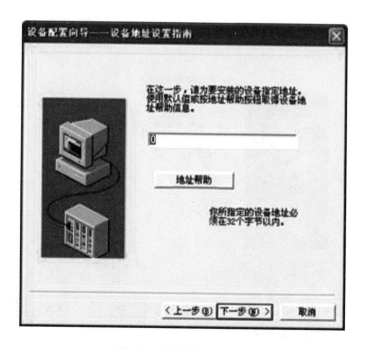

图 6-29 设备配置向导四

⑤ 填写设备地址，假设为 0，单击"下一步"，弹出"设备配置向导"，如图 6-30 所示。

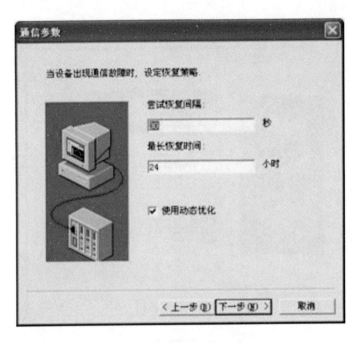

图 6-30　设备配置向导五

⑥ 设置通信故障恢复参数（一般情况下使用系统默认设置即可），单击"下一步"，弹出"设备配置向导"，如图 6-31 所示。

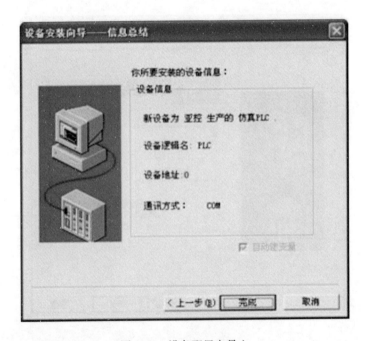

图 6-31　设备配置向导六

⑦ 请检查各项设置是否正确，确认无误后，单击"完成"。设备定义完成后，可以在工程浏览器的右侧看到新建的外部设备"PLC"。

⑧ 配置\设置串口。此菜单命令用于配置串口通信参数及对 Modem 拨号的设置。单击工程浏览器"工程目录显示区"中"设备"上"COM1"或"COM2"，然后单击"配置\设置串口"菜单；或是直接双击"COM1"或"COM2"。弹出"设置串口"画面。如图 6-32 所示。

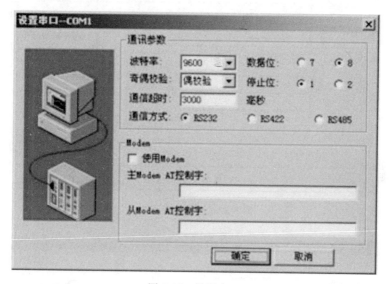

图 6-32　设置串口

在定义数据库变量时，只要把 I/O 变量联结到这台设备上，它就可以和组态王交换数据了。

3）构造数据库

数据库是"组态王"软件的核心部分，工业现场的生产状况要以动画的形式反映在屏幕上，操作者在计算机前发布的指令也要迅速送达生产现场，所有这一切都是以实时数据库为中介环节，所以说数据库是联系上位机和下位机的桥梁。在 TouchVew 运行时，它含有全部数据变量的当前值。变量在画面制作系统组态王画面开发系统中定义，定义时要指定变量名和变量类型，某些类型的变量还需要一些附加信息。数据库中变量的集合形象地称为"数据词典"，数据词典记录了所有用户可使用的数据变量的详细信息。

① 选择工程浏览器左侧大纲项"数据库\数据词典"，在工程浏览器右侧用鼠标左键双击"新建"图标，弹出"变量属性"对话框如图 6-33 所示。

此对话框可以对数据变量完成定义、修改等操作，以及数据库的管理工作，详细变量操作请参见"第6章变量定义和管理"。在"变量名"处输入变量名，如：在"变量类型"处选择变量类型如：内存实数，其他属性目前不用更改，单击"确定"即可。

② 定义一个 I/O 变量，如图 6-34 所示。

在"变量名"处输入变量名，如：在"变量类型"处选择变量类型如：I/O 整数；在"连接设备"中选择先前定义好的 I/O 设备：PLC；在"寄存器"中定义为：INCREA100；在"数据类型"中定义为：SHORT 类型。其他属性目前不用更改，单击"确定"即可。

4）创建组态画面

进入组态王开发系统后，就可以为每个工程建立数目不限的画面，在每个画面上生成

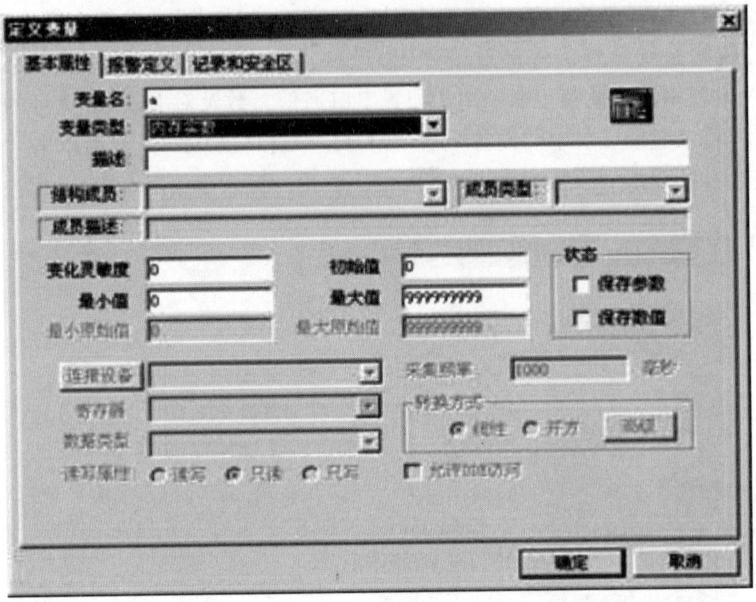

图 6-33　创建内存变量

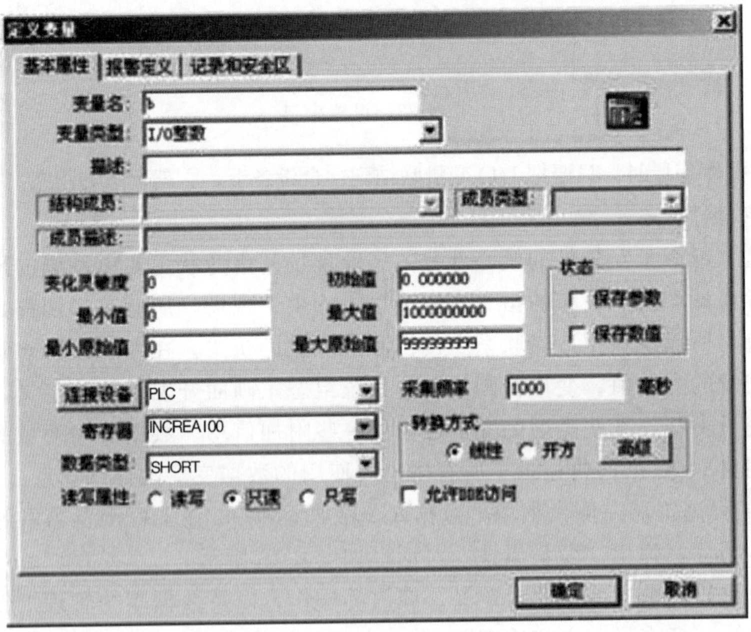

图 6-34　创建 I/O 变量

互相关联的静态或动态图形对象。这些画面都是由"组态王"提供的类型丰富的图形对象组成的。系统为用户提供了矩形（圆角矩形）、直线、椭圆（圆）、扇形（圆弧）、点位图、多边形（多边线）、文本等基本图形对象，按钮、趋势曲线窗口、报警窗口、报表等复杂的图形对象。提供了对图形对象在窗口内任意移动、缩放、改变形状、复制、删除、对齐等编辑操作，全面支持键盘、鼠标绘图，并可提供对图形对象的颜色、线型、填充属性进行改变的操作工具。

"组态王"采用面向对象的编程技术，使用户可以方便地建立画面的图形界面。用户构图时可以像搭积木那样利用系统提供的图形对象完成画面的生成。同时支持画面之间的图形对象拷贝，可重复使用以前的开发结果。

① 进入新建的组态王工程，选择工程浏览器左侧大纲项"文件\画面"，在工程浏览器右侧用鼠标左键双击"新建"图标，弹出对话框如图 6-35 所示。

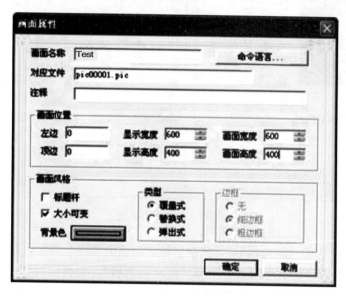

图 6-35 新建画面

② 在"画面名称"处输入新的画面名称，如 Test，其他属性目前不用更改（关于其他属性的设置请参见"第 5 章 组态王开发环境—工程浏览器"）。点击"确定"按钮进入内嵌的组态王画面开发系统。如图 6-36 所示。

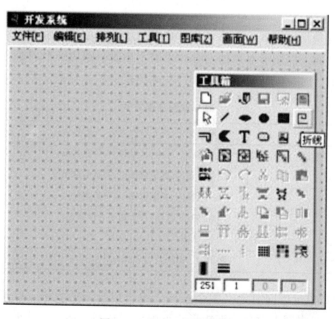

图 6-36 组态王开发系统

③ 在组态王开发系统中从"工具箱"中分别选择"矩形"和"文本"图标，绘制一个矩形对象和一个文本对象，如图 6-37 所示。

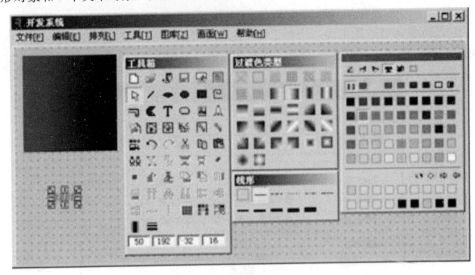

图 6-37　创建图形画面

④ 在工具箱中选中"圆角矩形"，拖动鼠标在画面上画一个矩形，如图 6-37 所示。用鼠标在工具箱中点击"显示画刷类型"和"显示调色板"。在弹出的"过渡色类型"窗口点击第二行第四个过渡色类型；在"调色板"窗口点击第一行第二个"填充色"按钮，从下面的色块中选取红色作为填充色，然后点击第一行第三个"背景色"按钮，从下面的色块中选取黑色作为背景色。此时就构造好了一个使用过渡色填充的矩形图形对象。

在工具箱中选中"文本"，此时鼠标变成"I"形状，在画面上单击鼠标左键，输入"＃＃＃＃"文字。选择"文件\全部存"命令保存现有画面。

5）建立动画连接

定义动画连接是指在画面的图形对象与数据库的数据变量之间建立一种关系，当变量的值改变时，在画面上以图形对象的动画效果表示出来；或者由软件使用者通过图形对象改变数据变量的值。"组态王"提供了 22 种动画连接方式，见表 6-10：

建立动画连接方式　　　　　　　　　　　　　　　　　　　　　表 6-10

属性变化	线属性变化、填充属性变化、文本色变化
位置与大小变化	填充、缩放、旋转、水平移动、垂直移动
值输出	模拟值输出、离散值输出、字符串输出
值输入	模拟值输入、离散值输入、字符串输入
特殊	闪烁、隐含、流动（仅适用于立体管道）
滑动杆输入	水平、垂直
命令语言	按下时、弹起时、按住时

① 一个图形对象可以同时定义多个连接，组合成复杂的效果，以便满足实际中任意的动画显示需要。双击图形对象，即矩形，可弹出"动画连接"对话框，如图 6-38 所示。

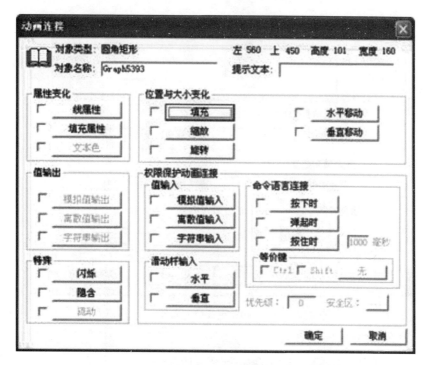

图 6-38　动画连接

用鼠标单击"填充"按钮，弹出对话框，如图 6-39 所示。

图 6-39　填充属性

在"表达式"处输入"a"，"缺省填充刷"的颜色改为黄色，其余属性目前不用更改，如图 6-40 所示。

单击"确定"，再单击"确定"返回组态王开发系统。为了让矩形动起来，需要使变量（"a"）能够动态变化，选择"编辑\画面属性"菜单命令，弹出对话框如图 6-41 所示。

图 6-40　更改填充属性

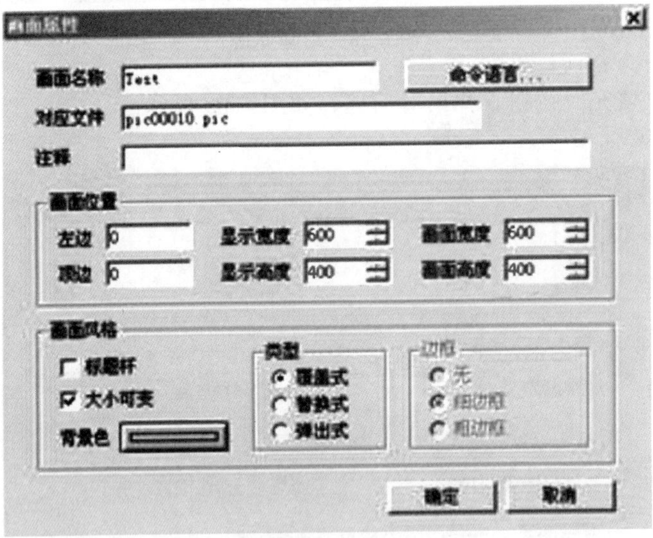

图 6-41　画面属性

单击"命令语言……"按钮，弹出画面命令语言对话框，如图 6-42 所示。

在编辑框处输入命令语言：

```
    if ( a< 100 )
a= a+ 10;
else
    a= 0;
```

可将"每 3000ms"改为"每 500ms"，此为画面执行命令语言的执行周期。单击"确认"，及"确定"回到开发系统。

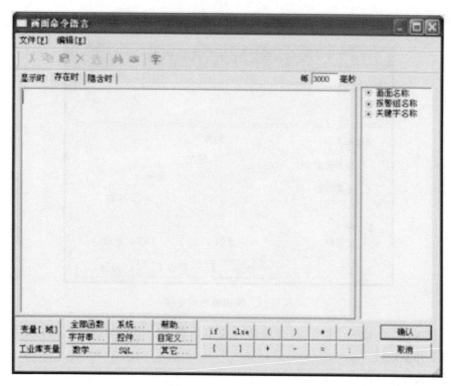

图 6-42　画面命令语言

双击文本对象"＃＃＃＃"，可弹出"动画连接"对话框，如图 6-43 所示。

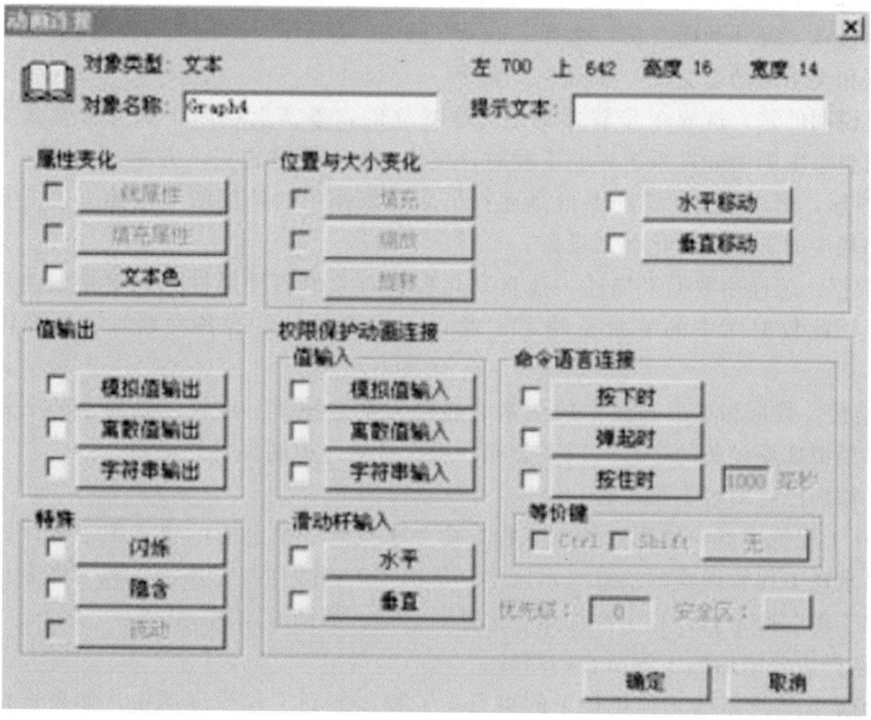

图 6-43　动画连接

用鼠标单击"模拟值输出"按钮，弹出对话框如图 6-44 所示。

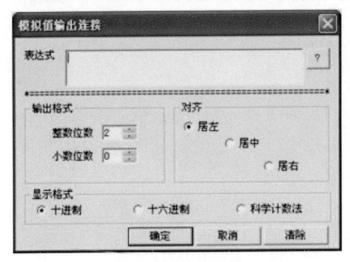

图 6-44　模拟值输出连接

在"表达式"处输入"b"，其余属性目前不用更改。单击"确定"，再单击"确定"返回组态王开发系统。

选择"文件\全部存"菜单命令。

6）运行和调试

组态王工程已经初步建立起来，进入到运行和调试阶段。在组态王开发系统中选择"文件\切换到 View"菜单命令，进入组态王运行系统。在运行系统中选择"画面\打开"命令，从"打开画面"窗口选择"Test"画面。显示出组态王运行系统画面，即可看到矩形框和文本在动态变化。如图 6-45 所示。

需要说明的是，这 6 个步骤并不是完全独立的，事实上这四个部分常常是交错进行的。在用组态王画面开发系统编制工程时，要依照此过程考虑三个方面。

① 图形：用户希望怎样的图形画面？也就是怎样用抽象的图形画面来模拟实际的工业现场和相应的工业自动化控制设备。

② 数据：怎样用数据来描述工业自动化控制对象的各种属性？也就是创建一个具体的数据库，此数据库中的变量反映了工业自动化控制对象的各种属性，比如温度，压力等。

③ 连接：数据和图形画面中的图素的连接关系是什么？也就是画面上的图素以怎样的动画来模拟现场设备的运行，以及怎样让操作者输入控制设备的指令。

（4）添加已有的组态王工程

1）在工程管理器中使用"添加工程"命令来找到一个已有的组态王工程，并将工程的信息显示在工程管理器的信息显示区中。单击菜单栏"文件\添加工程"命令或快捷菜单"添加工程"命令后，弹出添加路径选择对话框，如图 6-46 所示。

2）选择想要添加的工程所在的路径。

① 确定：将选定的工程路径下的组态王工程添加到工程管理器中，如果选择的路径不是组态王的工程路径，则添加不了。

图 6-45　运行系统画面

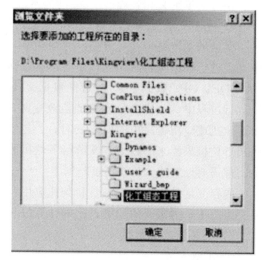

图 6-46　添加工程路径选择对话框

② 取消：取消添加工程操作。

③ 单击"确定"将指定路径下的工程添加到工程管理器显示区中。如图 6-47 所示。

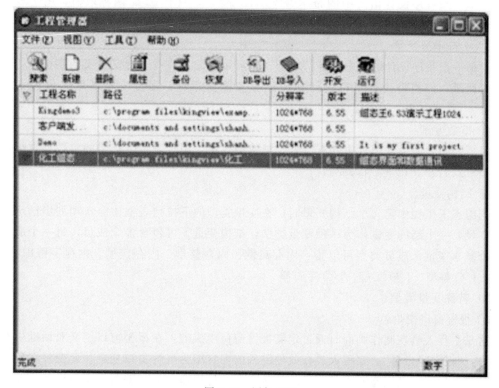

图 6-47　添加工程

3）如果添加的工程名称与当前工程信息显示区中存在的工程名称相同，则被添加的工程将动态生成一个工程名称，在工程名称后添加序号。当存在多个具有相同名称的工程时，将按照顺序生成名称，直到没有重复的名称为止。

(5) 变量定义和管理

1) 基本变量类型

变量的基本类型共有两类：内存变量、I/O 变量。I/O 变量是指可与外部数据采集程序直接进行数据交换的变量，如下位机数据采集设备（如 PLC、仪表等）或其他应用程序（如 DDE、OPC 服务器等）。这种数据交换是双向的、动态的，就是说：在"组态王"系统运行过程中，每当 I/O 变量的值改变时，该值就会自动写入下位机或其他应用程序；每当下位机或应用程序中的值改变时，"组态王"系统中的变量值也会自动更新。所以，那些从下位机采集来的数据、发送给下位机的指令，比如"反应罐液位"、"电源开关"等变量，都需要设置成"I/O 变量"。

内存变量是指那些不需要和其他应用程序交换数据、也不需要从下位机得到数据、只在"组态王"内需要的变量，比如计算过程的中间变量，就可以设置成"内存变量"。

2) 变量的数据类型

① 实型变量

类似一般程序设计语言中的浮点型变量，用于表示浮点（float）型数据，取值范围 $-3.40E+38 \sim +3.40E+38$，有效值 7 位。

② 离散变量

类似一般程序设计语言中的布尔（BOOL）变量，只有 0，1 两种取值，用于表示一些开关量。

③ 字符串型变量

类似一般程序设计语言中的字符串变量，可用于记录一些有特定含义的字符串，如名称、密码等，该类型变量可以进行比较运算和赋值运算。字符串长度最大值为 128 个字符。

④ 整数变量

类似一般程序设计语言中的有符号长整数型变量，用于表示带符号的整数型数据，取值范围 $-2147483648 \sim 2147483647$。

⑤ 结构变量

当组态王工程中定义了结构变量时，在变量类型的下拉列表框中会自动列出已定义的结构变量，一个结构变量作为一种变量类型，结构变量下可包含多个成员，每一个成员就是一个基本变量，成员类型可以为：内存离散、内存整型、内存实型、内存字符串、I/O 离散、I/O 整型、I/O 实型、I/O 字符串。

3) 特殊变量类型

① 报警窗口变量

这是工程人员在制作画面时通过定义报警窗口生成的，在报警窗口定义对话框中有一选项为："报警窗口名"，工程人员在此处键入的内容即为报警窗口变量。此变量在数据词典中是找不到的，是组态王内部定义的特殊变量。可用命令语言编制程序来设置或改变报警窗口的一些特性，如改变报警组名或优先级，在窗口内上下翻页等。

② 历史趋势曲线变量

这是工程人员在制作画面时通过定义历史趋势曲线时生成的，在历史趋势曲线定义对话框中有一选项为："历史趋势曲线名"，工程人员在此处键入的内容即为历史趋势曲线变量（区分大小写）。此变量在数据词典中是找不到的，是组态王内部定义的特殊变量。工程人员可用命令语言编制程序来设置或改变历史趋势曲线的一些特性，如改变历史趋势曲线的起始时间或显示的时间长度等。

③ 系统预设变量

预设变量中有 8 个时间变量是系统已经在数据库中定义的，用户可以直接使用：

a. $年：返回系统当前日期的年份。

b. $月：返回 1～12 之间的整数，表示当前日期的月份。

c. $日：返回 1～31 之间的整数，表示当前日期的日。

d. $时：返回 0～23 之间的整数，表示当前时间的时。

e. $分：返回 0～59 之间的整数，表示当前时间的分。

f. $秒：返回 0～59 之间的整数，表示当前时间的秒。

g. $日期：返回系统当前日期字符串。

h. $时间：返回系统当前时间字符串。

i. $用户名：在程序运行时记录当前登录的用户的名字。

j. $访问权限：在程序运行时记录当前登录的用户的访问权限。

k. $启动历史记录：表明历史记录是否启动（1＝启动；0＝未启动）。

工程人员在开发程序时，可通过按钮弹起命令预先设置该变量为 1，在程序运行时可由用户控制，按下按钮启动历史记录。

l. $启动报警记录：表明报警记录是否启动（1＝启动；0＝未启动）。

工程人员在开发程序时，可通过按钮弹起命令预先设置该变量为 1，在程序运行时可由工程人员控制，按下按钮启动报警记录。

m. $新报警：每当报警发生时，"$新报警"被系统自动设置为 1。由工程人员负责把该值恢复到 0。

4）基本属性的定义

"变量属性"对话框的基本属性卡片中的各项用来定义变量的基本特征，各项意义解释如下：

① 变量名：唯一标识一个应用程序中数据变量的名字，同一应用程序中的数据变量不能重名，数据变量名区分大小写，最长不能超过 31 个字符。用鼠标单击编辑框的任何位置进入编辑状态，工程人员此时可以输入变量名字，变量名可以是汉字或英文名字，第一个字符不能是数字。例如，温度、压力、液位、var1 等均可以作为变量名。变量的名称最多为 31 个字符。

组态王变量名命名规则：

变量名命名时不能与组态王中现有的变量名、函数名、关键字、构件名称等相重复；命名的首字符只能为字符，不能为数字等非法字符，名称中间不允许有空格、算术符号等非法字符存在。名称长度不能超过 31 个字符。

② 变量类型：在对话框中只能定义八种基本类型中的一种，用鼠标单击变量类型下拉列表框列出可供选择的数据类型。当定义有结构模板时，一个结构模板就是一种变量类型。

③ 描述：用于输入对变量的描述信息。例如若想在报警窗口中显示某变量的描述信

息，可在定义变量时，在描述编辑框中加入适当说明，并在报警窗口中加上描述项，则在运行系统的报警窗口中可见该变量的描述信息（最长不超过 39 个字符）。

④ 变化灵敏度：数据类型为模拟量或整型时此项有效。只有当该数据变量的值变化幅度超过"变化灵敏度"时，"组态王"才更新与之相连接的画面显示（缺省为 0）。

⑤ 最小值：指该变量值在数据库中的下限。

⑥ 最大值：指该变量值在数据库中的上限。

注意：组态王中最大的精度为 float 型，四个字节。定义最大值时注意不要越限。

⑦ 最小原始值：变量为 I/O 模拟变量时，驱动程序中输入原始模拟值的下限（具体可参见组态王驱动在线帮助）。

⑧ 最大原始值：变量为 I/O 模拟变量时，驱动程序中输入原始模拟值的上限（具体可参见组态王驱动在线帮助）。

以上四项是对 I/O 模拟量进行工程值自动转换所需要的。组态王将采集到的数据按照这四项的对应关系自动转为工程值。

⑨ 保存参数：在系统运行时，如果变量的域（可读可写型）值发生了变化，组态王运行系统退出时，系统自动保存该值。组态王运行系统再次启动后，变量的初始域值为上次系统运行退出时保存的值。

⑩ 保存数值：系统运行时，如果变量的值发生了变化，组态王运行系统退出时，系统自动保存该值。组态王运行系统再次启动后，变量的初始值为上次系统运行退出时保存的值。

⑪ 初始值：这项内容与所定义的变量类型有关，定义模拟量时出现编辑框可输入一个数值，定义离散量时出现开或关两种选择。定义字符串变量时出现编辑框可输入字符串，它们规定软件开始运行时变量的初始值。

⑫ 连接设备：只对 I/O 类型的变量起作用，工程人员只需从下拉式"连接设备"列表框中选择相应的设备即可。此列表框所列出的连接设备名是组态王设备管理中已安装的逻辑设备名。用户要想使用自己的 I/O 设备，首先单击"连接设备"按钮，则"变量属性"对话框自动变成小图标出现在屏幕左下角，同时弹出"设备配置向导"对话框，工程人员根据安装向导完成相应设备的安装，当关闭"设备配置向导"对话框时，"变量属性"对话框又自动弹出；工程人员也可以直接从设备管理中定义自己的逻辑设备名。

注意：

如果连接设备选为 Windows 的 DDE 服务程序，则"连接设备"选项下的选项名为"项目名"；当连接设备选为 PLC 等，则"连接设备"选项下的选项名为"寄存器"；如果连接设备选为板卡等，则"连接设备"选项下的选项名为"通道"。

⑬ 项目名：连接设备为 DDE 设备时，DDE 会话中的项目名，可参考 Windows 的 DDE 交换协议资料。

⑭ 寄存器：指定要与组态王定义的变量进行连接通讯的寄存器变量名，该寄存器与工程人员指定的连接设备有关。

⑮ 转换方式：规定 I/O 模拟量输入原始值到数据库使用值的转换方式。有线性转化、开方转换、非线性表、累计等转换方式。关于转换的具体概念和方法，请参见本章 6.5 节

I/O 变量的转换方式。

⑯ 数据类型：只对 I/O 类型的变量起作用，定义变量对应的寄存器的数据类型，共有 9 种数据类型供用户使用，这 9 种数据类型如下。

BIT：1 位，范围是：0 或 1。

BYTE：8 位，1 个字节，范围是：0～255。

SHORT，2 个字节，范围是：−32768～32767。

USHORT：16 位，2 个字节，范围是：0～65535。

BCD：16 位，2 个字节，范围是：0～9999。

LONG：32 位，4 个字节，范围是：−2147483648～2147483647。

LONGBCD：32 位，4 个字节，范围是：0～4294967295。

FLOAT：32 位，4 个字节，范围是：−3.40E+38～+3.40E+38，有效位 7 位。

STRING：128 个字符长度。

各寄存器的数据类型请参见组态王的驱动帮助中相关设备的帮助。

⑰ 采集频率：用于定义数据变量的采样频率，与组态王的基准频率设置有关。

⑱ 读写属性：定义数据变量的读写属性，工程人员可根据需要定义变量为"只读"属性、"只写"属性、"读写"属性。

只读：对于只进行采集而不需要人为手动修改其值，并输出到下位设备的变量一般定义属性为只读。

只写：对于只需要进行输出而不需要读回的变量一般定义属性为只写。

读写：对于需要进行输出控制又需要读回的变量一般定义属性为读写。

注意：当采集频率为 0 时，只要组态王上的变量值发生变化时，就会进行写操作；当采集频率不为 0 时，会按照采集频率周期性的输出值到设备。

⑲ 允许 DDE 访问：组态王内置的驱动程序与外围设备进行数据交换，为了方便工程人员用其他程序对该变量进行访问，可通过选中"允许 DDE 访问"，这样组态王就作为 DDE 服务器，可与 DDE 客户程序进行数据交换。

5）线性转换方式

用原始值和数据库使用值的线性插值进行转换。线性转换是将设备中的值与工程值按照固定的比例系数进行转换。如图 6-24 所示，在变量基本属性定义对话框的"最大值"、"最小值"编辑框中输入变量工程值的范围，在"最大原始值"、"最小原始值"编辑框中输入设备中转换后的数字量值的范围（可以参考组态王驱动帮助中的介绍），则系统运行时，按照指定的量程范围进行转换，得到当前实际的工程值。线性转换方式是最直接也是最简单的一种 I/O 转换方式。

例 1：

与 PLC 电阻器连接的流量传感器在空流时产生 0 值，在满流时产生 9999 值。如果输入如下的数值。

最小原始值＝0，最小值＝0；

最大原始值＝9999，最大值＝100；

其转换比例＝(100−0)/(9999−0)＝0.01；

则：如果原始值为 5000 时，内部使用的值为 5000×0.01＝50。

例 2：

与 PLC 电阻器连接的流量传感器在空流时产生 6400 值，在 300GPM 时产生 32000 值。应当输入下列数值。

最小原始值＝6400，最小值＝0；

最大原始值＝32000，最大值＝300；

其转换比例＝(300－0)/(32000－6400)＝3/256；

则：如果原始值为 19200 时，内部使用的值为 (19200－6400)×3/256＝150；原始值为 6400 时，内部使用的值为 0；原始值小于 6400 时，内部使用的值为 0。

6）变量组

在组态王工程浏览器框架窗口上放置有四个标签："系统"、"变量"、"站点"和"画面"。选择"变量"标签，左侧视窗中显示"变量组"。单击"变量组"，右侧视窗将显示工程中所有变量，如图 6-48 所示

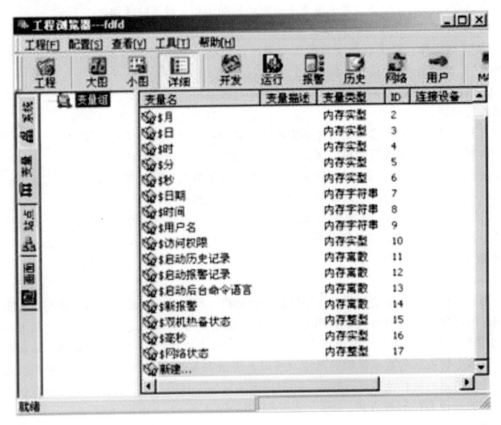

图 6-48　变量组

在"变量组"目录上单击鼠标右键，弹出快捷菜单，选择"建立变量组"。如图 6-49 所示。

在编辑框中输入变量组的名称，如图 6-50 所示。

如果按照默认项，系统自动生成名称并添加序号。变量组定义的名称是唯一的，而且要符合组态王变量命名规则。如图 6-51 所示。

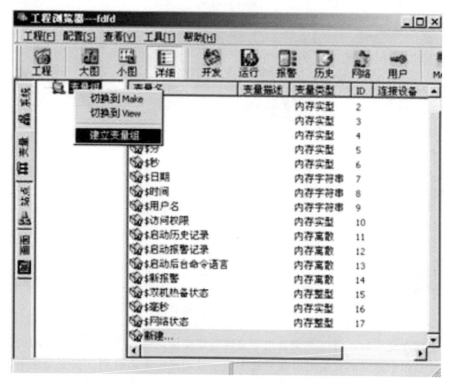

图 6-49 建立变量组

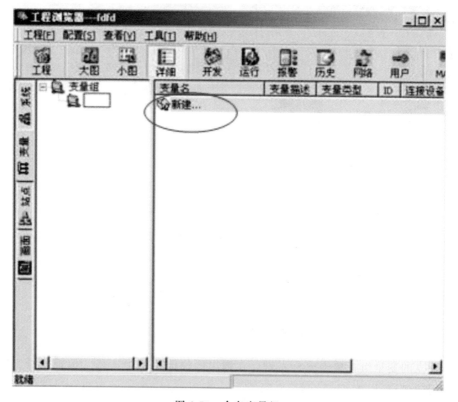

图 6-50 命名变量组

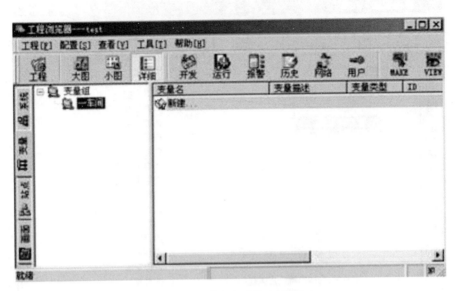

图 6-51　建立完成的变量组

变量组建立完成后，可以在变量组下直接新建变量，在该变量组下建立的变量属于该变量组。变量组中建立的变量可以在系统中的变量词典中全部看到。在变量组下，还可以再建立子变量组，如图 6-52 所示。属于子变量组的变量同样属于上级变量组。

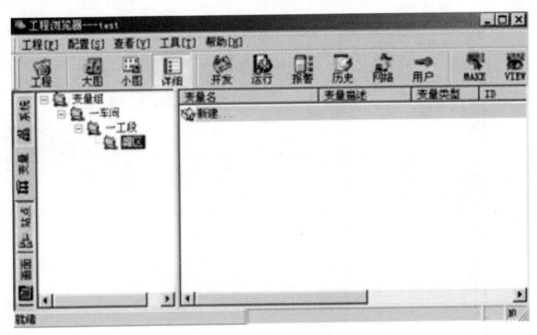

图 6-52　建立子变量组

选择建立的变量组，单击鼠标右键，在弹出的快捷菜单中选择"编辑变量组"，可以修改变量组的名称。

注意：根变量组名称"变量组"是不允许修改和删除的。

7）从 Excel 中导入数据词典

数据词典的导入是将 Excel 中定义好的数据或将由组态王工程导出的数据词典导入到组态王工程中。打开工程管理器，关闭组态王开发和运行系统，在工程管理器的工程列表中选择要导入数据词典的工程。点击工程管理器工具条上的"DB 导入"按钮，或选择菜单"工具 \ 数据词典导入"命令。执行该命令，首先弹出"导入数据词典"提示信息框，如图 6-53 所示，提示用户在导入数据词典之前是否备份工程。

图 6-53　导入数据词典提示信息框

注意：在这里，为了防止用户工程在导入过程中出现错误，建议用户对工程进行备份。

单击"是"按钮，进行工程备份。

单击"取消"按钮，取消导入数据词典操作。

单击"否"按钮，进行数据词典的导入。弹出文件选择对话框，如图 6-54 所示。

图 6-54　选择导入数据词典文件

数据词典既可以导入到原工程中，也可以导入到其他工程中。在导入数据词典时，系统自动根据 Excel 文件和被导入工程的数据词典进行比较，在比较完成后，系统弹出"变量导入校验报告"，如图 6-55 所示。

在该校验报告中，显示了 Excel 文件中所有与当前被导入工程在数据词典中不同的地方，包括变量 ID、报警组名称、定义的设备、寄存器等。用户要认真核对这些校验结果，如果确定导入，点击校验报告对话框上的"确定"按钮，进行导入，否则点击"取消"。系统会自动备份当前工程的数据词典数据文件。

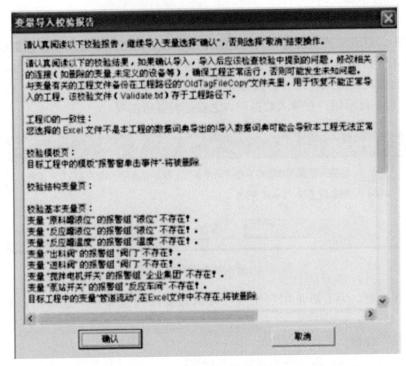

图 6-55　变量导入校验报告

如果导入后出现错误的话，可以从工程目录下的"Old Tag File Copy"目录下将当前工程的原数据词典文件恢复到工程目录下。

在导入完成后，用户应该按照校验报告提示的信息对变量以及工程中关联变量的地方进行修改，然后再启动组态王运行系统，否则可能会产生无法预料的异常情况出现。

注意：请认真阅读校验结果，如果确认导入，导入后应该检查校验中提到的问题，修改相关的连接（如删除的变量，未定义的设备等），确保工程正常运行，否则可能发生未知问题。

与变量有关的工程文件备份在工程路径的"Old Tag File Copy"文件夹里，用于恢复不能正常导入的工程。该校验文件（Validate. txt）存于工程路径下。

（6）图形画面与动画连接

1）动画连接对话框

给图形对象定义动画连接是在"动画连接"对话框中进行的。在组态王开发系统中双击图形对象（不能有多个图形对象同时被选中），弹出动画连接对话框。

注意：对不同类型的图形对象弹出的对话框大致相同。但是对于特定属性对象，有些是灰色的，表明此动画连接属性不适应于该图形对象，或者该图形对象定义了与此动画连接不兼容的其他动画连接。

例如：以圆角矩形为例，如图 6-56 所示。

对话框的第一行标识出被连接对象的名称和左上角在画面中的坐标以及图形对象的宽度和高度。

下面分组介绍所有的动画连接种类。

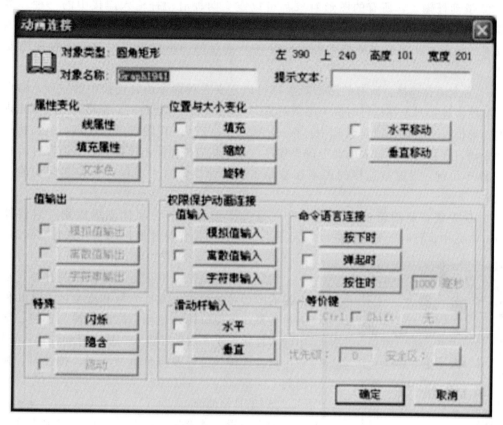

图 6-56　动画连接属性对话框

① 属性变化：共有三种连接（线属性、填充属性、文本色），它们规定了图形对象的颜色、线型、填充类型等属性如何随变量或连接表达式的值变化而变化。单击任一按钮弹出相应的连接对话框。线类型的图形对象可定义线属性连接，填充形状的图形对象可定义线属性、填充属性连接，文本对象可定义文本色连接。

② 位置与大小变化：这五种连接（水平移动、垂直移动、缩放、旋转、填充）规定了图形对象如何随变量值的变化而改变位置或大小。不是所有的图形对象都能定义这五种连接。单击任一按钮弹出相应的连接对话框。

③ 值输出：只有文本图形对象能定义三种值输出连接中的某一种。这种连接用来在画面上输出文本图形对象的连接表达式的值。运行时文本字符串将被连接表达式的值所替换，输出的字符串的大小、字体和文本对象相同。按动任一按钮弹出相应的输出连接对话框。

④ 用户输入：所有的图形对象都可以定义为三种用户输入连接中的一种，输入连接使被连接对象在运行时为触敏对象。当 TouchVew 运行时，触敏对象周围出现反显的矩形框，可由鼠标或键盘选中此触敏对象。按 SPACE 键、ENTER 键或鼠标左键，会弹出输入对话框，可以从键盘键入数据以改变数据库中变量的值。

⑤ 特殊：所有的图形对象都可以定义闪烁、隐含两种连接，这是两种规定图形对象可见性的连接。按动任一按钮弹出相应连接对话框。

⑥ 滑动杆输入：所有的图形对象都可以定义两种滑动杆输入连接中的一种，滑动杆输入连接使被连接对象在运行时为触敏对象。当 TouchVew 运行时，触敏对象周围出现反显的矩形框。鼠标左键拖动有滑动杆输入连接的图形对象可以改变数据库中变量的值。

⑦ 命令语言连接：所有的图形对象都可以定义三种命令语言连接中的一种，命令语言连接使被连接对象在运行时成为触敏对象。当 TouchVew 运行时，触敏对象周围出现反显的矩形框，可由鼠标或键盘选中。按 SPACE 键、ENTER 键或鼠标左键，就会执行定义命令语言连接时用户输入的命令语言程序。按动相应按钮弹出连接的命令语言对话框。

⑧ 等价键：设置被连接的图素在被单击执行命令语言时与鼠标操作相同功能的快捷键。

⑨ 优先级：此编辑框用于输入被连接的图形元素的访问优先级级别。当软件在 TouchVew 中运行时，只有优先级级别不小于此值的操作员才能访问它，这是"组态王"保障系统安全的一个重要功能。

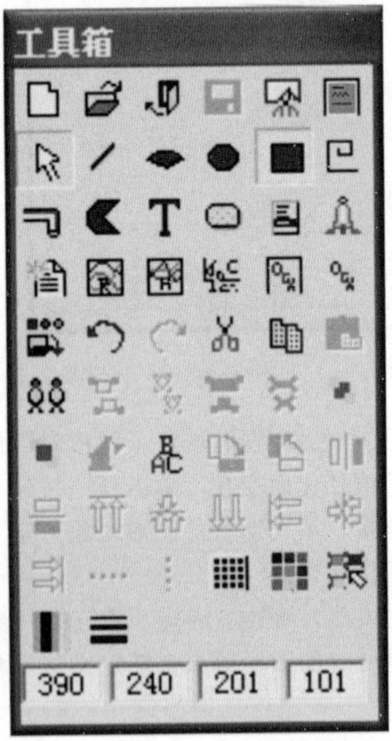

注意：对于优先级和安全区只有那些有特定动画连接的图形对象可以设置优先级和安全区，这几种动画连接是：模拟值输入连接、离散值输入连接、字符串输入连接、水平滑动杆输入、垂直滑动杆输入连接、命令语言连接（鼠标或等价键按下时、按住时、弹起时）。

2）工具箱简介

图形编辑工具箱是绘图菜单命令的快捷方式。菜单命令在第 5 章已经详细介绍过，本节介绍动画制作时常用的图形编辑工具箱和其他几个常用工具。

每次打开一个原有画面或建立一个新画面时，图形编辑工具箱都会自动出现，如图 6-57 所示。

在菜单"工具/显示工具箱"的左端有"b"号，表示选中菜单；没有"b"号，屏幕上的工具箱也同时消失，再一次选择此菜单，"b"号出现，工具箱又显示出来。或使用＜F10＞键来切换工具箱的显示/隐藏。

工具箱提供了许多常用的菜单命令，也提供了菜单中没有的一些操作。当鼠标放在工具箱任一按钮上

图 6-57　工具箱

时，立刻出现一个提示条标明此工具按钮的功能。

用户在每次修改工具箱的位置后，组态王会自动记忆工具箱的位置，当用户下次进入组态王时，工具箱返回上次用户使用时的位置。

注意：如果由于不小心操作导致找不到工具箱了，从菜单中也打不开，请进入组态王的安装路径"kingview"下，打开 toolbox.ini 文件，查看最后一项［Toolbox］是否位置坐标不在屏幕显示区域内，用户可以自己在该文件中修改。注意不要修改别的项目。

3）工具箱速览

工具箱中的工具大致分为四类。

① 画面类：提供对画面的常用操作，包括新建、打开、关闭、保存、删除、全屏显示等。

② 编辑类：绘制各种图素（矩形、椭圆、直线、折线、多边形、圆弧、文本、点位图、按钮、菜单、报表窗口、实时趋势曲线、历史趋势曲线、控件、报警窗口）的工具；剪切、粘贴、复制、撤销、重复等常用编辑工具；合成、分裂组合图素，合成、分裂单元；对图素的前移，后移，旋转，镜像等操作工具。

③ 对齐方式类：这类工具用于调整图素之间的相对位置，能够以上、下、左、右、水平、垂直等方式把多个图素对齐；或者把它们水平等间隔、垂直等间隔放置。

④ 选项类：提供其他一些常用操作，比如全选、显示调色板、显示画刷类型、显示线形、网格显示/隐藏、激活当前图库、显示调色板等。

4）表达式和运算符

连接表达式是定义动画连接的主要内容，因为连接表达式的值决定了画面上图素的动画效果。表达式由数据字典中定义的变量、变量域、报警组名、数值常量以及各种运算符组成，与 C 语言中的表达式非常类似。

在连接表达式中不允许出现赋值语句，表达式的值在"组态王"运行时计算。变量名和报警组名可以直接从变量浏览器中选择，出现在表达式中，不必加引号，但区分大小写，变量的域名不区分大小写。

① 运算符

用运算符连接变量或常量就可以组成较简单的命令语言语句，如赋值、比较、数学运算等。命令语言中可使用的运算符以及算符优先级与连接表达式相同。运算符有以下几种。

～	取补码，将整型变量变成"2"的补码
*	乘法
/	除法
%	模运算
+	加法
-	减法（双目）
&	整型量按位与
|	整型量按位或
^	整型量异或
&&	逻辑与
||	逻辑或
<	小于
>	大于
<=	小于或等于
>=	大于或等于
==	等于
! =	不等于

注意：除上述运算符以外，还可使用如下运算符增强运算功能。

	最高优先级
（）	
-(单目), !, ～	
*，／，%	
+，-	
<，>，<=，>=，==，！=	
&，|，^	
&&　‖	
=	最低优先级

图 6-58　运算符的运算次序

　　　—　取反，将正数变为负数（单目）。

　　　!　逻辑非

　　　（）　括号，保证运算按所需次序进行。

运算符的优先级：

下面列出运算符的运算次序，如图 6-58 所示。首先计算最高优先级的算符，再依次计算较低优先级的算符。同一行的算符有相同的优先级。

表达式举例：

单独的变量或变量的域：开关、液面高度 . alarm

复杂的表达式：开关＝1 液面高度＞50&& 液面高度＜80

（开关 1‖开关 2）&&（液面高度 . alarm）

② 命令语言语法

命令语言程序的语法与一般 C 程序的语法没有大的区别，每一程序语句的末尾应该用分号"；"结束，在使用 if…else…、while （）等语句时，其程序要用花括号"｛｝"括起来。

a. 赋值语句

赋值语句用得最多，语法如下：

变量（变量的可读写域）＝表达式；

可以给一个变量赋值，也可以给可读写变量的域赋值。

例如：

自动开关＝1；表示将自动开关置为开（1 表示开，0 表示关）。

颜色＝2；将颜色置为黑色（如果数字 2 代表黑色）。

反应罐温度 priority＝3；表示将反应罐温度的报警优先级设为 3。

b. if-else 语句

if-else 语句用于按表达式的状态有条件地执行不同的程序，可以嵌套使用。语法为：

if （表达式）

｛

一条或多条语句；

｝

else

｛

一条或多条语句；

｝

注意：

if-else 语句里如果是单条语句可省略花括弧"｛｝"，多条语句必须在一对花括弧"｛｝"中，ELSE 分支可以省略。

例 1：

if （step＝3）

颜色＝"红色";

上述语句表示当变量 step 与数字 3 相等时，将变量颜色置为"红色"（变量"颜色"为内存字符串变量）。

例 2：

if（出料阀＝1）

出料阀＝0;　//将离散变量"出料阀"设为 0 状态

else

出料阀＝1;

上述语句表示将内存离散变量"出料阀"设为相反状态。If-else 里是单条语句可以省略"{}"。

c. while（）语句

当 while（）括号中的表达式条件成立时，循环执行后面"{}"内的程序。语法如下：

while（表达式）

{

一条或多条语句（以；结尾）

}

注意：

同 if 语句一样，while 里的语句若是单条语句，可省略花括弧"{}"外，但若是多条语句必须在一对花括弧"{}"中。这条语句要慎用，否则，会造成死循环。

例 1：

while（循环＜＝10）

{

reportsetcellvalue（"实时报表"，循环，1，原料罐液位）;

循环＝循环＋1;

}

当变量"循环"的值小于等于 10 时，向报表第一列的 1～10 行添入变量"原料罐液位"的值。应该注意使 whlie 表达式条件满足，然后退出循环。

d. 命令语言注释方法

命令语言程序添加注释，有利于程序的可读性，也方便程序的维护和修改。组态王的所有命令语言中都支持注释。注释的方法分为单行注释和多行注释两种。注释可以在程序的任何地方进行。

单行注释在注释语句的开头加注释符"//"：

例 1：

//设置装桶速度

if（游标刻度＞＝10）//判断液位的高低

装桶速度＝80;

多行注释是在注释语句前加"/*"，在注释语句后加"*/"，多行注释也可以用在单行注释上。

例2：

if（游标刻度＞＝10）　　／＊判断液位的高低＊／

装桶速度＝80；

5）实时趋势曲线

① 创建实时趋势曲线

在组态王开发系统中制作画面时，选择菜单"工具＼实时趋势曲线"项或单击工具箱中的"画实时趋势曲线"按钮，此时鼠标在画面中变为十字形，在画面中用鼠标画出一个矩形，实时趋势曲线就在这个矩形中绘出，如图6-59所示。

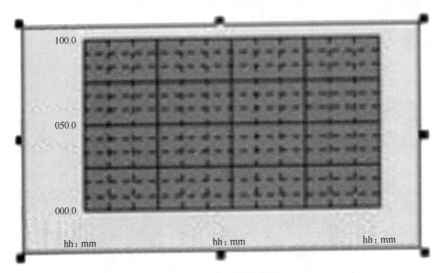

图6-59　实时趋势曲线

实时趋势曲线对象的中间有一个带有网格的绘图区域，表示曲线将在这个区域中绘出，网格左方和下方分别是 X 轴（时间轴）和 Y 轴（数值轴）的坐标标注。可以通过选中实时趋势曲线对象（周围出现8个小矩形）来移动位置或改变大小。在画面运行时实时趋势曲线对象由系统自动更新。

② 实时趋势曲线属性

用鼠标左键双击创建的实时趋势曲线，弹出实时趋势曲线属性对话框，如图6-60所示。

属性对话框中各项含义如下：

a.曲线定义属性卡片选项：

ⅰ.坐标轴：选择曲线图表坐标轴的线形和颜色。选择"坐标轴"复选框后，坐标轴的线形和颜色选择按钮变为有效，通过点击线形按钮或颜色按钮，在弹出的列表中选择坐标轴的线形或颜色，如图6-61所示。

用户可以根据图表绘制需要，选择是否显示坐标轴，如图6-62所示，为不显示坐标轴和显示坐标轴的结果。

ⅱ.分割线为短线：选择分割线的类型。选中此项后在坐标轴上只有很短的主分割线，整个图纸区域接近空白状态，没有网格，同时下面的"次分割线"选择项变灰，图表

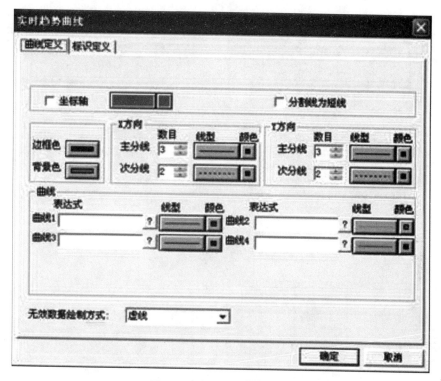

图 6-60　定义实时趋势曲线

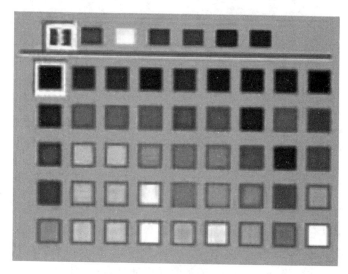

图 6-61　坐标轴颜色列表

上不显示次分割线。如图 6-63 所示为分割线正常显示和分割线为短线显示结果。

ⅲ. 边框色、背景色：分别规定绘图区域的边框和背景（底色）的颜色。按动这两个按钮的方法与坐标轴按钮类似，弹出的浮动对话框也与之大致相同。

ⅳ. X 方向、Y 方向：X 方向和 Y 方向的主分割线将绘图区划分成矩形网格，次分

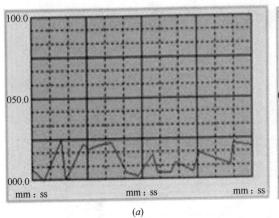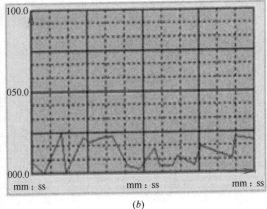

图 6-62　坐标轴显示

（a）无坐标轴；（b）有坐标轴

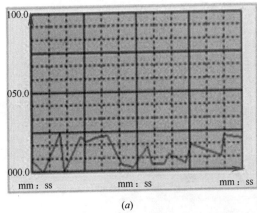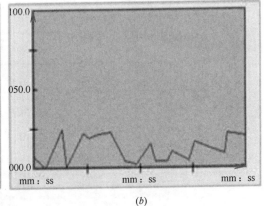

图 6-63　分割线

（a）分割线正常；（b）分割线为短线

割线将再次划分主分割线划分出来的小矩形。这两种线都可改变线型和颜色。分割线的数目可以通过小方框右边"加减"按钮增加或减小，也可通过编辑区直接输入。工程人员可以根据实时趋势曲线的大小决定分割线的数目，分割线最好与标识定义（标注）相对应。

ⅴ.曲线：定义所绘的 1～4 条曲线 Y 坐标对应的表达式，实时趋势曲线可以实时计算表达式的值，所以它可以使用表达式。实时趋势曲线名的编辑框中可输入有效的变量名或表达式，表达式中所用变量必须是数据库中已定义的变量。右边的"?"按钮可列出数据库中已定义的变量或变量域供选择。每条曲线可通过右边的线型和颜色按钮来改变线型和颜色。在定义曲线属性时，至少应定义一条曲线变量。

ⅵ.无效数据绘制方式：在系统运行时对于采样到的无效数据（如变量质量戳≠192）的绘制方式选择。可以选择三种形式：虚线、不画线和实线。

b.标识定义属性卡片选项：

ⅰ.标识 X 轴（时间轴）、标识 Y 轴（数值轴）：选择是否为 X 或 Y 轴加标识，即在绘图区域的外面用文字标注坐标的数值。如果此项选中，左边的检查框中有小叉标记，同时下面定义相应标识的选择项也由无效变为有效。

ⅱ. 数值轴（Y 轴）定义区：因为一个实时趋势曲线可以同时显示 4 个变量的变化，而各变量的数值范围可能相差很大，为使每个变量都能表现清楚，"组态王"中规定：变量在 Y 轴上以百分数表示，即以变量值与变量范围（最大值与最小值之差）的比值表示。所以 Y 轴的范围是 0（0%）～1（100%）。

ⅲ. 标识数目：数值轴标识的数目，这些标识在数值轴上等间隔分布。

ⅳ. 起始值：曲线图表上纵轴显示的最小值。如果选择"数值格式"为"工程百分比"，规定数值轴起点对应的百分比值，最小为 0。如果选择"数值格式"为"实际值"，则可输入变量的最小值。

ⅴ. 最大值：曲线图表上纵轴显示的最大值。如果选择"数值格式"为"工程百分比"，规定数值轴终点对应的百分比值，最大为 100。如果选择"数值格式"为"实际值"，则可输入变量的最大值。

ⅵ. 整数位位数：数值轴最少显示整数的位数。

ⅶ. 小数位位数：数值轴最多显示小数点后面的位数。

ⅷ. 科学计数法：数值轴坐标值超过指定的整数和小数位数时用科学计数法显示。

ⅸ. 字体：规定数值轴标识所用的字体。可以弹出 Windows 标准的字体选择对话框，相应的操作工程人员可参阅 Windows 的操作手册。

ⅹ. 数值格式：

工程百分比：数值轴显示的数据是百分比形式。

实际值：数值轴显示的数据是该曲线的实际值。

ⅺ. 时间轴定义区：

标识数目：时间轴标识的数目，这些标识在数值轴上等间隔分布。在组态王开发系统中时间是以 yy：mm：dd：hh：mm：ss 的形式表示，在 TouchVew 运行系统中，显示实际的时间。

ⅻ. 格式：时间轴标识的格式，选择显示哪些时间量。

ⅹⅲ. 更新频率：图表采样和绘制曲线的频率，最小 1s。运行时不可修改。

ⅹⅳ. 时间长度：时间轴所表示的时间跨度。可以根据需要选择时间单位—s、min、h，最小跨度为 1s，每种类型单位最大值为 8000。

ⅹⅴ. 字体：规定时间轴标识所用的字体。与数值轴的字体选择方法相同。

6）报表系统

据报表是反应生产过程中的数据、状态等，并对数据进行记录的一种重要形式。是生产过程必不可少的一个部分。它既能反映系统实时的生产情况，也能对长期的生产过程进行统计、分析，使管理人员能够实时掌握和分析生产情况。

组态王提供内嵌式报表系统，工程人员可以任意设置报表格式，对报表进行组态。组态王为工程人员提供了丰富的报表函数，实现各种运算、数据转换、统计分析、报表打印等。既可以制作实时报表，也可以制作历史报表。组态王还支持运行状态下单元格的输入操作，在运行状态下通过鼠标拖动改变行高、列宽。另外，工程人员还可以制作各种报表模板，实现多次使用，以免重复工作。

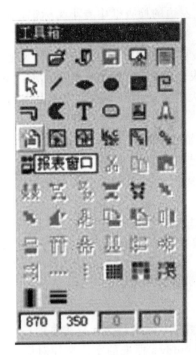

图 6-64　工具箱按钮

① 创建报表窗口

进入组态王开发系统，创建一个新的画面，在组态王工具箱按钮中，用鼠标左键单击"报表窗口"按钮，如图 6-64 所示，此时，鼠标箭头变为小"＋"字形，在画面上需要加入报表的位置按下鼠标左键，并拖动，画出一个矩形，松开鼠标键，报表窗口创建成功，如图 6-65 所示。鼠标箭头移动到报表区域周边，当鼠标形状变为双"＋"字型箭头时，按下左键，可以拖动表格窗口，改变其在画面上的位置。将鼠标挪到报表窗口边缘带箭头的小矩形上，这时鼠标箭头形状变为与小矩形内箭头方向相同，按下鼠标左键并拖动，可以改变报表窗口的大小。当在画面中选中报表窗口时，会自动弹出报表工具箱，不选择时，报表工具箱自动消失。

② 配置报表窗口的名称及格式套用

组态王中每个报表窗口都要定义一个唯一的标识名，该标识名的定义应该符合组态王的命名规则，标识名字符串的最大长度为 31。

用鼠标双击报表窗口的灰色部分（表格单元格区域外没有单元格的部分），弹出"报表设计"对话框，如图 6-66 所示。该对话框主要设置报表的名称、报表表格的行列数目以及选择套用表格的样式。

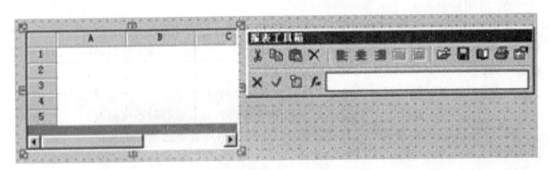

图 6-65　创建后的报表窗口

"报表设计"对话框中各项的含义如下。

a. 报表名称：在"报表控件名"文本框中输入报表的名称，如"实时数据报表"。

注意：报表名称不能与组态王的任何名称、函数、变量名、关键字相同。

b. 表格尺寸：在行数、列数文本框中输入所要制作的报表的大致行列数（在报表组态期间均可以修改）。默认为 5 行 5 列，行数最大值为 20000 行；列数最大值为 52 列。行用数字"1、2、3……"表示，列用英文字母"A、B、C、D……"表示。单元格的名称定义为"列标＋行号"，如"a1"，表示第一行第一列的单元格。列标使用时不区分大小写，如"A1"和"a1"都可以表示第一行第一列的单元格。

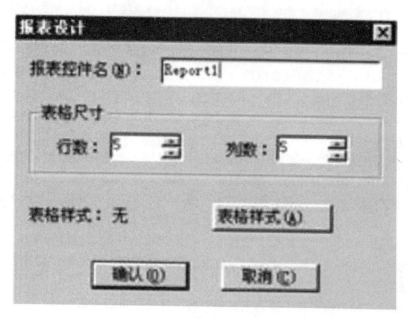

图 6-66　报表设计对话框

c. 套用报表格式：用户可以直接使用已经定义的报表模板，而不必再重新定义相同的表格格式。单击"表格样式"按钮，弹出"报表自动调用格式"对话框，如图 6-67 所示。如果用户已经定义过报表格式的话，则可以在左侧的列表框中直接选择报表格式，而在右

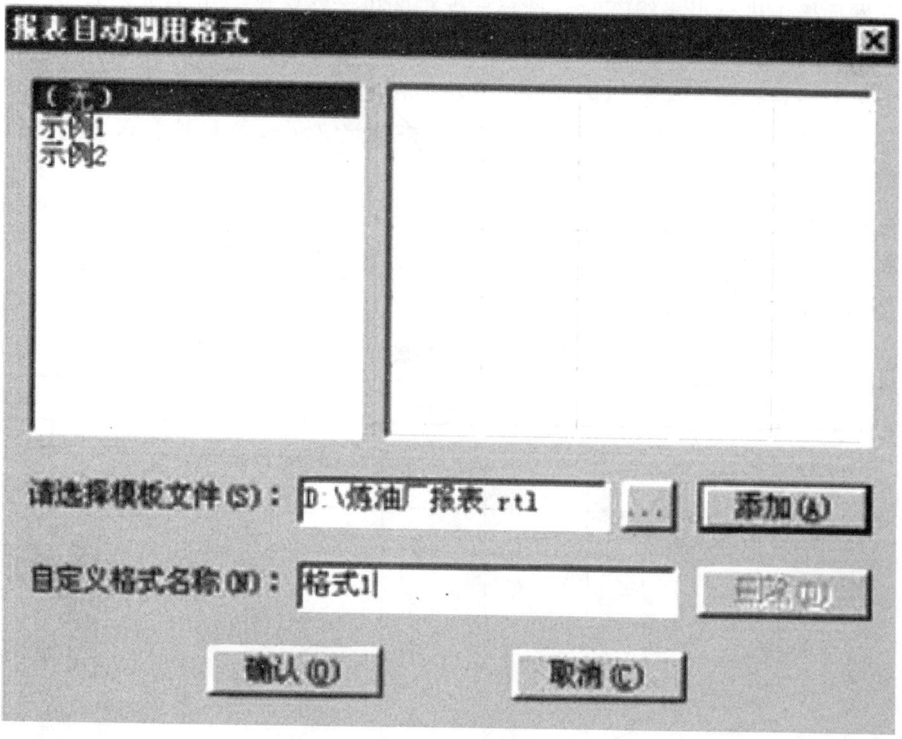

图 6-67　报表自动套用格式对话框

侧的表格中可以预览当前选中的报表的格式。套用后的格式用户可按照自己的需要进行修改。在这里，用户可以对报表的套用格式列表进行添加或删除。

d. 添加报表套用格式：单击"请选择模板文件："后的"……"按钮，弹出文件选择对话框，用户选择一个自制的报表模板（*.rtl 文件），单击"打开"，报表模板文件的名称及路径显示在"请选择模板文件："文本框中。在"自定义格式名称："文本框中输入当前报表模板被定义为表格格式的名称，如"格式 1"。单击"添加"按钮将其加入到格式列表框中，供用户调用。

e. 删除报表套用格式：从列表框中选择某个报表格式，单击"删除"按钮，即可删除不需要的报表格式。删除套用格式不会删除报表模板文件。

f. 预览报表套用格式：在格式列表框中选择一个格式项，则其格式显示在右边的表格框中。

定义完成后，单击　"确认"完成操作，单击"取消"取消当前的操作。"套用报表格式"可以将常用的报表模板格式集中在这里，供随时调用，而不必在使用时再去一个个的查找模板。

套用报表格式的作用类似于报表工具箱中的"打开"报表模板功能。二者都可以在报表组态期间进行调用。

③ 定义报表单元格的保护属性

组态王报表在系统运行过程中，用户可以直接在报表单元格中输入数据，修改单元格内容。为防止用户修改不允许修改单元格的内容，报表提供了一个保护属性——只读。

在开发环境中进行报表组态时，选择要保护的单元格区域，单击鼠标右键，在弹出的快捷菜单中选择"只读"，被保护的单元格在系统运行时不允许用户修改单元格内容。要查看某个单元格是否被定义为只读属性，方法为在单元格上单击鼠标右键，如果快捷菜单上的"只读"项前有"P"符号，则表明该单元格被定义了只读属性。再次选择该菜单项时取消保护属性。

注意：用户在系统运行过程中在修改含有表达式的单元格的内容后，会在当前运行画面清除原表达式。只有重新关闭、打开画面后才能恢复该表达式。

2. 器件准备

器件准备表 表 6-11

序号	设备名称	品牌	数量	单位	设备图片	设备二维码
1	组态王软件	亚控	1	个	亚控科技 WellinTech	
2	管理电脑	三汇	1	个		04.02.001 管理电脑

续表

序号	设备名称	品牌	数量	单位	设备图片	设备二维码
3	触摸显示器	戴尔	1	个		04.02 002 触摸显示器
4	鼠标	国产	2	个		04.02 003 鼠标
5	键盘	国产	1	个		04.02 004 键盘
6	ST-2000C 中央空调 MOOC 互联网＋综合实训系统	松大	1	套		02.03 001 ST-2000C中央空调MOOC互联网＋综合实训系统

3. 操作步骤

（1）在电脑左面或开始菜单中打开组态软件，进入工程管理界面；点击搜索，选择组态工所在文件夹，确认后可将组态工程导入组态中，如图 6-68 所示。

05.03 007

空调组态的运行调试及修改

（2）双击进入刚导入的工程，点击 VIEW 进行运行调试，如图 6-69 所示。

（3）在运行系统中打开目标画面，如图 6-70 所示。

（4）在目标画面中进行系统运行操作，如图 6-71 所示。查找问题并记录。

① 所有数值部分显示"？"时，如图 6-72 所示。通常是控制器主机与组态王无通信。此时，需要对组态王通讯设置进行排查。

a. 首先确认是否为通信终端导致，查看各点绑定变量，如图 6-73 所示。

b. 然后去数据词典中查看各变量所在设备，如图 6-74 所示。

c. 在导航栏中查看设备并右击选择测试，进入串口测试界面，添加控制器寄存器地址和相应数据类型，添加并读取，发现通信失败，如图 6-75（a）、（b）所示。

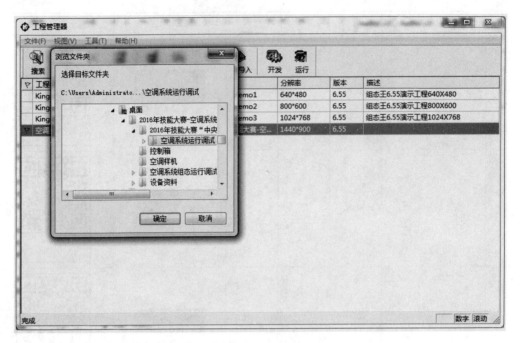

图 6-68　导入工程

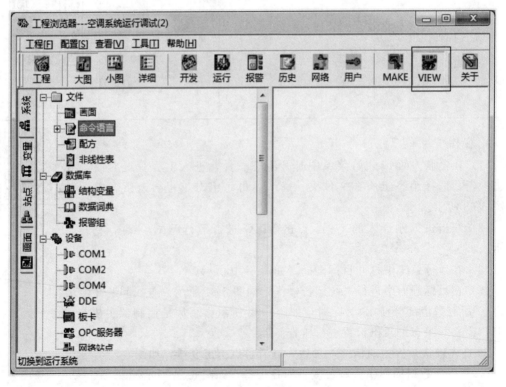

图 6-69　组态运行

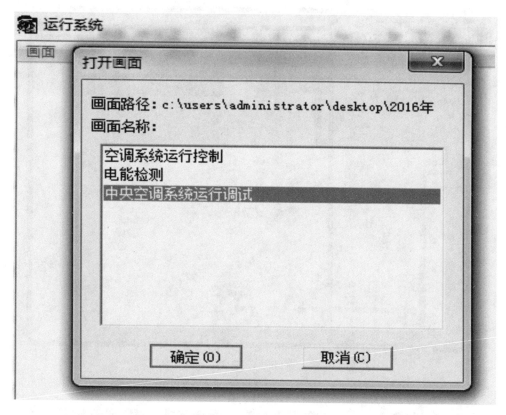

图 6-70　打开画面

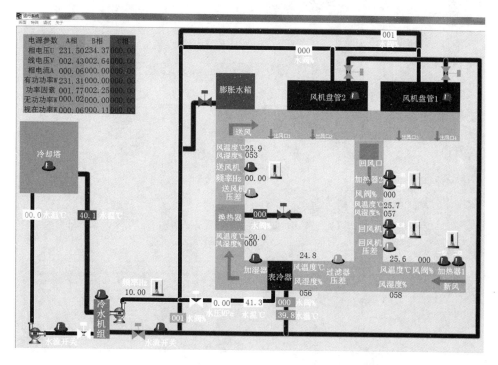

图 6-71　组态运行界面

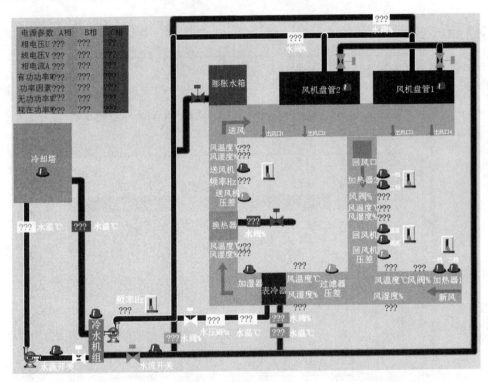

图 6-72　故障组态界面

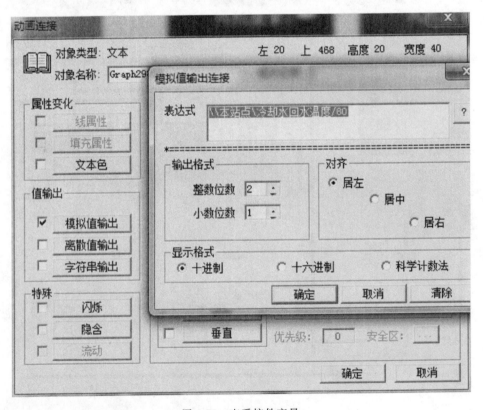

图 6-73　查看控件变量

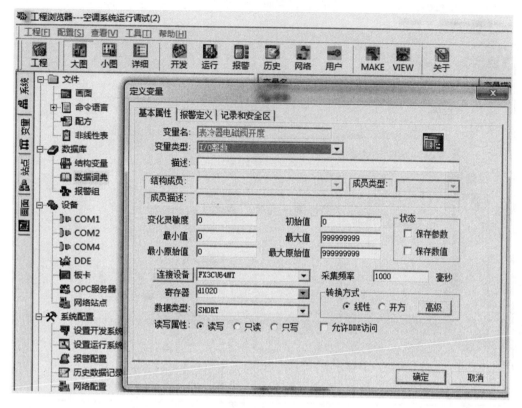

图 6-74 查看变量属性

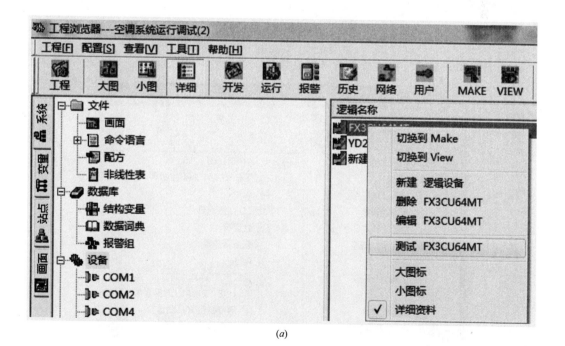

(a)

图 6-75 设备通信测试

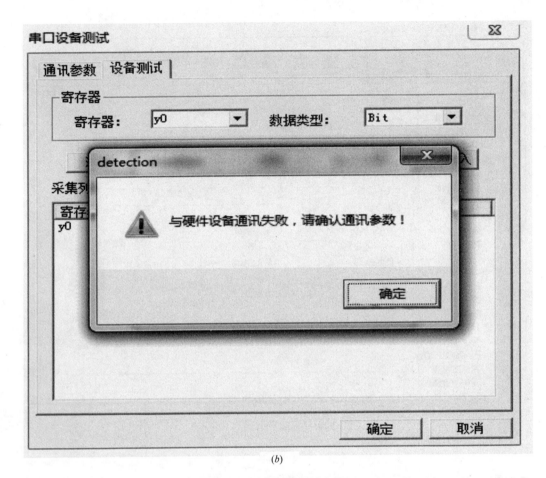

(b)

图 6-75　设备通信测试（续）

d. 去计算机设备管理区中查看设备所在串口，如图 6-76 所示。

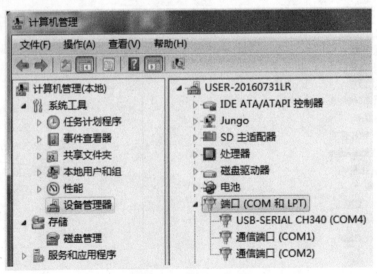

图 6-76　通信串口查询

e. 在组态中查看设备通信设置，如图 6-77（a）、（b）所示。

(a)

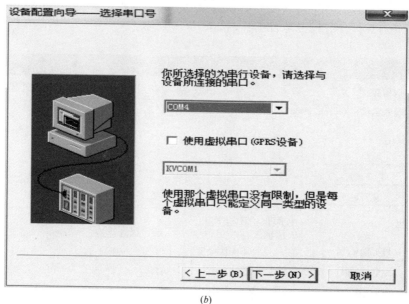

(b)

图 6-77 设备通信设置查询

f. 在组态导航栏中双击设备所在串口，查看串口设置，如图 6-78 所示。

g. 对设备同设置有问题的地方进行修改，并进行通信测试。

h. 如果是电脑串口通信故障，只需断电重启即可恢复通信。

② 系统运行时有个别点显示不正常或输出设备不动作时。

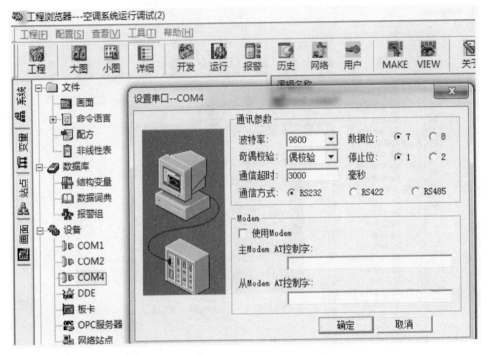

图 6-78　设备串口设置查询

a. 我们查看控件参数设置是否正常，如图 6-79 所示。

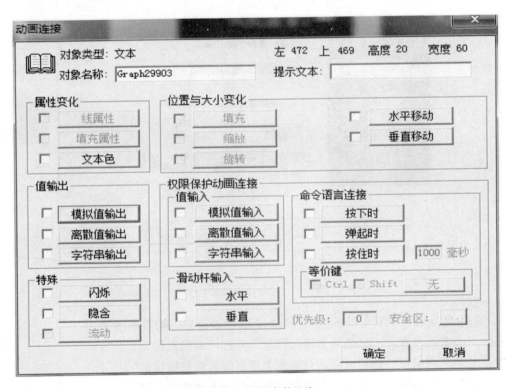

图 6-79　控件参数查询

b. 去数据词典点中查看对应变量的属性是否设置正确。

c. 如果看不出或者不确定组态是否有错，可去 PLC 编程软件中在线监测，查看是否别处有错。

d. 对检查中发现的问题进行修改并保存，运行测试通过后关闭软件。

⑤ 添加新元件。首先根据新元件功能要求，新建数据词典变量。其次打开画面，在图库或工具组中拉出原件，最后双击元件进行动画连接设置绑定相关变量。

4. 评价标准

评价标准表　　　　　　　　　　　　　　　　　　　　　表 6-12

序号	竞赛内容	竞赛标准	扣分项
1	找出程序中有问题的地方并改正	正确操作	改正不正确;未存盘
2	根据要求进行参数设置	正确设置	参数设置不正确;未存盘

6.4　空调系统检测与分析

1. 冷水机组参数检测

（1）系统结构

如图 6-80 所示，本系统采用 R22 制冷剂，由全封闭式制冷压缩机、水冷卧式冷凝器、干式蒸发器等组成的直接供液式制冷系统。

（2）器件准备

1）选手准备

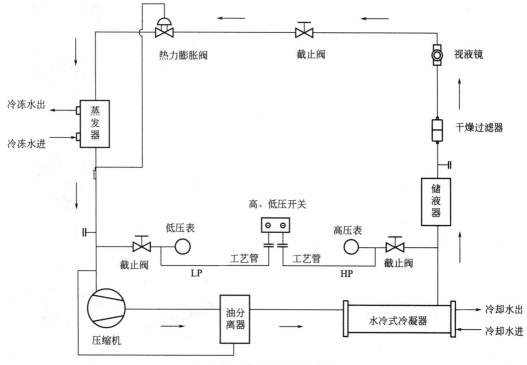

图 6-80　冷水机组系统框架

选手准备器件表　　　　　　　　　　　　　　　　　表 6-13

序号	名称	型号与规格	单位	数量	备注
1	文具	标准	套	1	铅笔、橡皮、尺等
2	防护用具	标准	套	1	工作服等

2）赛场准备

赛场准备器件表　　　　　　　　　　　　　　　　　表 6-14

序号	设备名称	品牌	数量	单位	设备图片	设备二维码
1	冷水机组	松大	1	套		01.01 009 冷水机组
2	歧管仪	国产	1	套		05.04 002 歧管仪
3	数字式温湿度计	国产	1	个		05.04 003 数字式 温湿度计
4	数字钳形表	国产	1	台		05.04 004 数字钳形表
5	活络扳手	国产	2	个		01.03 004 活络扳手

（3）操作步骤

本操作是在主竞赛系统上的真实操作。

1）操作技能考核初始状态

由竞赛辅助人员操作：确认制冷系统正常状态。

由参赛选手操作：选择并确认仪器仪表正常；选择工具；确认制冷系统正常状态。

2）测量制冷系统热力参数

① 安装歧管仪，开启冷水机组，调整歧管仪。

② 在制冷系统稳态情况下测量，测量参数：排气压力、排气温度、吸气压力、吸气温度。

③ 用点温计测量制冷系统局部指定点的温度。

④ 判定制冷系统运行状态是否正常。并将测定的参数和判定结论写在记录纸上。

3）测量制冷系统电气参数

① 检测仪表，开启冷水机组。

② 在制冷系统稳态情况下测量，测量参数：制冷压缩机电动机运转电压、制冷压缩机电动机运转电流、电磁阀工作电流。

③ 判定电气系统运行状态是否正常，包括电压、电流、三相电流平衡。将测定的参数和判定结论写在记录纸上。

（4）评价标准

评价标准表

表 6-14

序号	竞赛内容	竞赛标准	扣分项
1	选择、调整仪器仪表	正确选择； 正确调整	选择不正确； 调整不正确
2	启动系统、测量	规范操作； 规范测量	操作方法不正确； 遗漏测量参数； 错选测量参数
3	分析判定	正确分析判定 运行状态	参数填写不规范； 参数填写错误； 无结论； 判断错误

2. 空调系统参数检测与调整

（1）系统结构

如图 6-81 所示，本中央空调系统由两部分组成，集中式中央空调系统部分和半集中式中央空调系统部分。冷源采用冷水机组，热源省略。

半集中式空调系统主要由两个卧式风机盘管、冷冻水泵等组成，可在同程和异程模式下运转。如图 6-82 所示。

集中式空调系统主要由风道、送风口、新风口、送风机、过滤器等组成，可在一次回风、直流和封闭模式下运转。如图 6-83 所示。

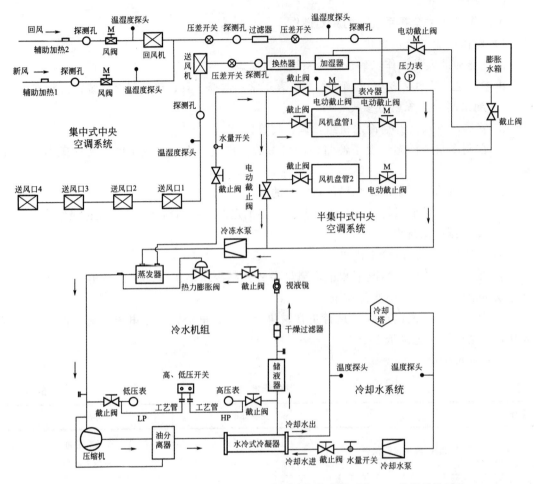

图 6-81　ST-2000C 中央空调 MOOC 互联网＋综合实训系统——空调系统结构

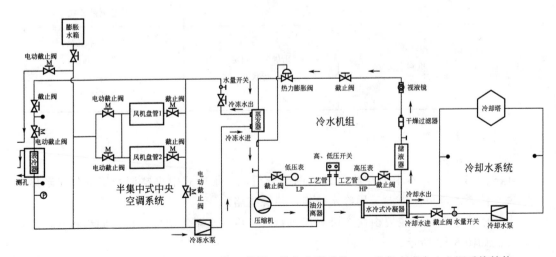

图 6-82　ST-2000C 中央空调 MOOC 互联网＋综合实训系统——半集中式中央空调系统结构

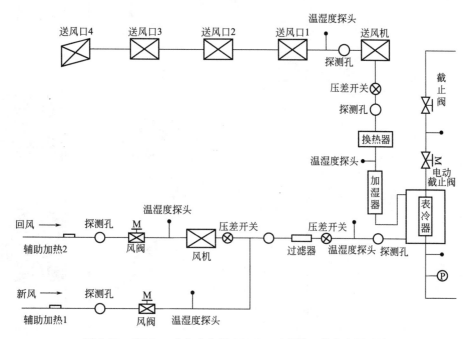

图 6-83　ST-2000C 中央空调 MOOC 互联网＋综合实训系统
——集中式中央空调系统结构

（2）器件准备

1）选手准备

选手准备器件表

表 6-15

序号	名称	型号与规格	单位	数量	备注
1	文具	标准	套	1	铅笔、橡皮、尺等
2	防护用具	标准	套	1	工作服等

2）赛场准备

赛场准备器件表

表 6-16

序号	设备名称	品牌	数量	单位	设备图片	设备二维码
1	ST-2000C 中央空调 MOOC 互联网＋综合实训系统	松大	1	套		02.03 001 ST-2000C中央空调MOOC互联网＋综合实训系统
2	热敏式风速仪	国产	1	套		05.04 009 热敏式风速仪
3	数字式温湿度计	国产	1	台		05.04 003 数字式温湿度计
4	大气压力计	国产	1	台		05.04 011 大气压力计
5	倾斜式微压计	国产	1	台		05.04 012 倾斜式微压计
6	数字钳形表	国产	1	台		05.04 004 数字钳形表

序号	设备名称	品牌	数量	单位	设备图片	设备二维码
7	活络扳手	国产	2	个		01.03 004 活络扳手
8	十字螺丝刀	国产	2	把		05.04 015 十字螺丝刀
9	钢板尺	国产	1	把		01.03 015 钢板尺
10	记录纸	A4	1	张	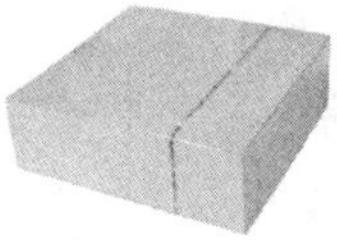	
11	h-d 图（标准大气压 101325Pa）	见附录1	1	张		

3. 操作步骤

本操作是在主竞赛系统上的真实操作。

（1）操作技能考核初始状态

由竞赛辅助人员操作：确认制冷系统正常状态；确认空调系统正常状态。

由参赛选手操作：选择并确认仪器仪表正常；选择工具；确认制冷系统正常状态；确认空调系统正常状态。

（2）半集中式空调系统参数检测与调整

1）风机盘管参数检测

① 按给定要求检测风量、风速、干球温度、相对湿度、湿球温度、露点温度等。

② 按给定要求检测风机盘管系统电气参数：电压、电流。

③ 将指定测点的参数写在记录纸上；将测定的状态点标在 h-d 图上。

2）空调水系统参数检测与调整

① 按给定要求检测冷冻水系统的压力、温度、流量、压差。

② 按给定要求调整水程。

③ 按给定要求检测空调水系统电气参数：电压、电流。

④ 将指定测点的参数写在记录纸上。

（3）集中式空调系统检测与风量调整

1）送回风系统检测

① 按给定要求测试风量、风速、干球温度、相对湿度、湿球温度、露点温度等。

② 将指定测点的参数写在记录纸上；将测定的状态点标在 h-d 图上。

2）出风口风量调整

① 按给定要求调整送风口风量。

② 将各风口的风量、干球温度、相对湿度、湿球温度、露点温度写在记录纸上；将测定的状态点标在 h-d 图上。

4. 评价标准

评价标准表　　　　　　　　　　　　　　　　　　表 6-17

序号	竞赛内容	竞赛标准	扣分项
1	选择、调整仪器仪表	正确选择； 正确调整	选择不正确； 调整不正确
2	启动系统、测量	规范操作； 规范测量	操作方法不正确； 遗漏测量参数； 错选测量参数
3	调整	规范操作； 正确调整	操作方法不正确； 调整不正确
4	分析判定	正确分析判定运行状态	参数填写不规范； 参数填写错误； 无结论； 判断错误

6.5　实训任务

（1）将 PLC 编程线缆两端分别插在 PLC 的编程口和电脑的 USB 口，使 PLC 与电脑通信。

（2）PLC 后依次接 3 个 FX2N-8AD 和 2 个 FX3U-4DA。打开编程软件，编写设置和读取程序。

（3）将两台 PLC 的 RS485 线串接在一起，然后接在 PLC 的 FX3U-485-BD 模块上，并对两台变频器和 PLC 进行设置；

（4）打开组态软件，并将组态工程导入组态中；

（5）双击进入刚导入的工程，点击 VIEW 进行运行调试；

（6）在运行系统中打开目标画面；

（7）在目标画面中进行系统运行操作，查找问题并记录，所有数值部分显示"？"时，需要对组态王通讯设置进行排查；

（8）对检查中发现的问题进行修改并保存，运行测试通过后关闭软件。

附录 2 "松大杯"全国中央空调系统运行操作员职业技能竞赛理论试题（样题库）

1. 考试时间：90 分钟。正式竞赛时每套试卷含 100 道试题。
2. 请首先按要求在试卷的标封处填写您姓名、准考证号和所在单位名称。
3. 请仔细阅读各种题目的回答要求，在规定位置填写答案。
4. 不要在试卷上乱写画，标封区填无关的内容。

得分				

得　分	
评分人	

一、单项选择题（选择一个正确的答案，将相应的字母填入题内的括号中，每题 1 分。）

1. 以绝对零度（0K）为最低温度，规定水的三相点的温度为（　　）。
A. 273K　　　　　B. 274K　　　　　C. 273.15K　　　　　D. 273.16K

2. R22 是目前使用最为广泛的一种中压中温制冷剂，其标准沸点为（　　）。
A. −40.82℃　　　B. −45.82℃　　　C. −51.6℃　　　　D. −77.7℃

3. R134a 是安全的制冷剂，它的毒性非常低，在空气中不可燃，安全类别为（　　）。
A. D1　　　　　　B. C1　　　　　　C. B1　　　　　　D. A1

4. 压焓图曲线的"二线"是指（　　）。
A. 临界比容线、临界密度线　　　　　B. 饱和液体线、饱和蒸汽线
C. 临界压力线、临界温度线　　　　　D. 饱和压力线、饱和温度线

5. 对空气进行等湿升温处理时，通过 h-d 图可知（　　）。
A. 温度下降、焓值下降、含湿量不变、相对湿度上升
B. 温度上升、焓值下降、含湿量上升、相对湿度下降
C. 温度上升、焓值上升、含湿量不变、相对湿度下降
D. 温度下降、焓值上升、含湿量下降、相对湿度上升

6. 按照国家标准《风机盘管机组》GB/T 19232—2003 分类的规定，以下风机盘管按安装型式分类的是（　　）。
A. 卡式　　　　　B. 暗装　　　　　C. 卧式　　　　　D. 立式

7. 转轮式全热交换器的核心部件是一个以 10～12rad/min 的速度不断转动的（　　）。
A. 波纹状转轮　　B. 网状转轮　　　C. 蜂窝状转轮　　D. 薄膜状转轮

8. 在空调区域内，在要求的工件旁一个点上水银温度计在要求的持续时间内，所示的空气温度偏离温度基数的最大偏差，称之为（　　）。
A. 空调精度　　　B. 空调误差　　　C. 空调动态误差　　D. 空调系统误差

9. 喷水室能实现的空气处理过程是将被处理空气与喷嘴中喷出的水滴相接触进行热湿交换。在喷水室中通常设置若干排喷嘴，但不存在的喷嘴布置形式是（　　　）。

　　A. 对喷　　　　　　B. 背喷　　　　　　C. 逆喷　　　　　　D. 顺喷

10. 按照国家标准《风机盘管机组》GB/T 19232—2003 第 4 部分分类的规定，风机盘管按安装型式分类的是（　　　）。

　　A. 左式　　　　　　B. 卡式　　　　　　C. 壁挂式　　　　　　D. 暗装式

11. 在喷水室的结构特性中，不包括（　　　）。

　　A. 排管间距　　　B. 喷嘴孔径　　　C. 喷水方向　　　D. 喷水系数

12. 由于电加热的热效率近似于 1，则其功率即为发热量，功率选择应有一定的安全裕度，一般取（　　　）。

　　A. 1.1　　　　　　B. 1.2　　　　　　C. 1.4　　　　　　D. 1.5

13. 有选择性的吸附有害气体分子的过滤器属于（　　　）。

　　A. 生物过滤器　　　B. 静电过滤器　　　C. 化学过滤器　　　D. 高效过滤器

14. 以下选项中，属于消声器空气动力性能的是（　　　）。

　　A. 频谱特性　　　B. 压力损失　　　C. 几何尺寸　　　D. 消声量

15. 热力膨胀阀由感应机构、执行机构、调整机构和阀体组成。感应机构中充注氟利昂，感温包设置在蒸发器出口处，其出口处温度与蒸发温度之间存在温差，通常称为（　　　）。

　　A. 过热度　　　　　B. 过冷度　　　　　C. 过热温度　　　　　D. 过冷温度

16. 在管道组成件中，管道法兰与管道的连接方式有五种基本类型，其中不包括（　　　）。

　　A. 立焊型　　　　　B. 对焊型　　　　　C. 承插焊型　　　　　D. 螺纹连接型

17. 活塞式制冷压缩机的气阀有多种形式，簧片阀主要适用于（　　　）。

　　A. 半封闭式制冷压缩机　　　　　B. 转速较低的制冷压缩机

　　C. 大型开启式制冷压缩机　　　　　D. 小型高速全封闭式制冷压缩机

18. 在离心式制冷压缩机中，使气流减速，动能转化为压力能，进一步提高气体的压力的部件是（　　　）。

　　A. 扩压器　　　　　B. 回流器　　　　　C. 蜗室　　　　　D. 弯道

19. 空气流经空调用蒸发器后，达到的状态称为（　　　）。

　　A. 露点温度　　　B. 湿球温度　　　C. 机器露点　　　D. 干球温度

20. 安装应用后的阀门，应对其进行定期检修，以确保其正常工作，以下表述不正确的是（　　　）。

　　A. 检查阀杆和阀杆螺母的螺纹磨损情况、填料是否失效等，并进行必要的更换

　　B. 运行中的阀门应完好，法兰和支架上的螺栓齐全，螺纹无损，没有松动现象

　　C. 应查看阀门密封面是否磨损，并根据情况进行维修或更换

　　D. 应对阀门的密封性能和强度、刚度进行试验，确保其性能

21. 传感器的分类方法较多，以下属于按原理分类的传感器是（　　　）。

　　A. 位置传感器　　　B. 生物传感器　　　C. 液位传感器　　　D. 热敏传感器

22. 对于调节器的基本要求一般不包括（　　　）。

A. 稳定　　　　　　B. 快速　　　　　　C. 准确　　　　　　D. 灵活

23. 通电时，电磁线圈产生电磁力把关闭件从阀座上提起，阀门打开；断电时，电磁力消失，弹簧把关闭件压在阀座上，阀门关闭，该电磁阀属于（　　　）。

A. 异步直动式电磁阀　　　　　　　　B. 分步直动式电磁阀

C. 先导式电磁阀　　　　　　　　　　D. 直动式电磁阀

24. 在采用中压中温制冷剂的空调用氟利昂制冷系统中，制冷压缩机的吸气压力（表压力）不应低于（　　　）MPa。

A. －0.4　　　　　　B. 0　　　　　　C. 0.4　　　　　　D. 4

25. 以下选项属于"单刀单掷-常开"的缩写是（　　　）。

A. DPDT　　　　　　B. SPDF　　　　　　C. SPST-NO　　　　　　D. SPST-NC

26. 在 PID 控制中以下组合不成立的是（　　　）。

A. PID　　　　　　B. PI　　　　　　C. PD　　　　　　D. ID

27. 将模糊技术与常规比例-积分-微分控制算法相结合，达到较高的控制精度的方法是（　　　）。

A. 参数自整定模糊控制　　　　　　　B. 模糊-PID 复合控制

C. 多变量模糊控制　　　　　　　　　D. 神经模糊控制

28. 在空调用冷水机组的氟利昂制冷系统中，一般没有（　　　）。

A. 分油装置　　　　B. 过滤装置　　　　C. 放油回路　　　　D. 供液回路

29. 在典型氟利昂制冷系统中，下列关于制冷压缩机吸气温度的表述，正确的是（　　　）。

A. 吸气温度一般高于蒸发温度 10℃　　B. 吸气温度一般高于蒸发温度 7℃

C. 吸气温度一般低于蒸发温度 5℃　　　D. 吸气温度一般低于蒸发温度 2℃

30. 在单级氟利昂活塞式制冷系统中，用冷却循环水冷却的设备有（　　　）。

A. 壳管式冷凝器　　B. 翅片式冷凝器　　C. 压缩机油分离器　　D. 压缩机的气缸盖

31. 离心式冷水机组运行中，吸气压力低于大气压力的制冷剂是（　　　）。

A. R123　　　　　　B. R134a　　　　　　C. R404a　　　　　　D. R22

32. 冷冻水和冷却水管路上都设有靶式流量控制器，因水流的紊乱可能让流量开关误动作，因此典型控制系统避开干扰的时间长度是（　　　）秒。

A. 3　　　　　　　　B. 5　　　　　　　　C. 10　　　　　　　　D. 20

33. 对制冷压缩机机组的预防性保养称为（　　　）。

A. 维护　　　　　　B. 维修　　　　　　C. 中修　　　　　　D. 保养

34. 在典型活塞式制冷压缩机机组中，由于保护动作后需手动复位而不能启动的故障原因不包括（　　　）。

A. 隔离开关　　　　B. 热继电器　　　　C. 压力继电器　　　　D. 油压继电器

35. 在氟利昂活塞式制冷压缩机组中，发生膨胀阀感温包松落，隔热层破损情况，会导致（　　　）。

A. 冷凝温度过高　　B. 排气压力过高　　C. 过冷温度过高　　D. 吸气压力过高

36. 关于电磁阀卡住堵死故障的判断中，以下说法正确的是（　　　）。

A. 电磁阀表面结霜　　　　　　　　　B. 电磁阀表面结霜

C. 电磁阀表面有温差　　　　　　　　　　D. 通过拆检才能确认

37. 对于卧式壳管式冷凝器，循环冷却水系统的循环方式是（　　　）。

A. 压力式　　　　　B. 吸出式　　　　　C. 重力式　　　　　D. 旁通式

38. 冷却水温和空气湿球温度的差值称为（　　　）。

A. 冷却幅高　　　　B. 露点温差　　　　C. 冷却温差　　　　D. 冷却幅宽

39. 逆流式冷却塔的旋转布水器的转速为（　　　）rad/min。

A. 2～3　　　　　B. 6～10　　　　　C. 20～30　　　　D. 30～60

40. 在冷却塔风扇传动系统中，需经常维护的是（　　　）。

A. 皮带　　　　　　B. 风扇　　　　　　C. 电动机　　　　　D. 减速机

41. GB/T 1047—2005 标准规定，阀门的公称通径只是一个标识，（　　　）。

A. 由符号"φ"和数字的组合表示　　　　B. 由符号"D"和数字的组合表示

C. 由符号"PN"和数字的组合表示　　　　D. 由符号"DN"和数字的组合表示

42. 在有关泵的功率定义中，单位时间内从泵中输送出去的液体在泵中获得的有效能量的功率称为（　　　）。

A. 输出功率　　　　B. 视在功率　　　　C. 实际功率　　　　D. 真实功率

43. 用于测量小于和大于大气压力值的压力表是（　　　）。

A. 真空表　　　　　B. 低压表　　　　　C. 微压表　　　　　D. 压力真空表

44. 一般压力表的测量精确度等级不包括（　　　）。

A. 5.0　　　　　　B. 2.5　　　　　　C. 1.6　　　　　　D. 1.0

45. 磁浮子式液位计和被测容器形成连通器，保证被测量容器与测量管体间的液位相等，当液位计测量管中的浮子随被测液位变化时，浮子中的磁性体与显示条上显示色标中的磁性体作用使其翻转，典型状态是（　　　）。

A. 绿色表示有液，黄色表示无液　　　　B. 红色表示有液，白色表示无液

C. 棕色表示有液，蓝色表示无液　　　　D. 黄色表示有液，黑色表示无液

46. 水银温度计是温度计的一种，其中水银的（　　　）。

A. 凝固点是 −38.87℃，沸点是 356.7℃

B. 凝固点是 −116.3℃，沸点是 34.6℃

C. 凝固点是 −117℃，沸点是 78℃

D. 凝固点是 −95℃，沸点是 110℃

47. 我国标准化的铜热电阻是（　　　）。

A. Pt10　　　　　　B. Cu50　　　　　　C. Pt100　　　　　D. Cu1000

48. 以下关于插入式流量开关特点的说法，错误的是（　　　）。

A. 开关的机械部分与电子部分安全隔离

B. 开关不含容易导致故障发生的波纹管

C. 开关的电器部件不与温差大的金属部件直接接触

D. 开关使用接近开关，具有较小的断开和复位流量

49. 带流量显示表开关的流量开关，方便用户自己设定（　　　）。

A. 开关点　　　　　B. 比例带　　　　　C. 滞后值　　　　　D. 响应值

50. 一根被电流加热的金属丝，流动的空气使它散热，利用散热速率和风速的平方根

呈线性关系，再通过电子线路线性化（以便于刻度和读数），即可制成（　　　）。

A. 热流风速计　　　B. 线阵风速仪　　　C. 热球风速计　　　D. 热线风速计

51. 在风速和风量的具体检测方法中，以下表述不正确的是（　　　）。

A. 检测前，首先要检查风机是否运转正常，必须实地测量被测风口、风管的尺寸

B. 对于安有过滤器的风口，以风口截面平均风速和风口净截面积的乘积确定风量

C. 对于风口上风侧有较长的支管段且已经或可以打孔时，可以用风管法确定风量

D. 对于单向流的洁净室，采用室水平截面最大风速和截面积乘积的方法确定风量

52. 水箱底部小孔液体射出的速度等于重力加速度与液体高度乘积的两倍的平方根，该定律是（　　　）。

A. 伽利略定律　　　B. 普朗克定律　　　C. 卡斯德利定律　　　D. 托里拆利定律

53. 常用的微压计不包括（　　　）。

A. 双液 U 形管压力计　　　　　　　B. 倾斜式微压计

C. 补偿式微压计　　　　　　　　　D. 直管式压力计

54. 皮托管也叫空速管、总压管等，它是感受气流的（　　　）。

A. 动压和静压　　　B. 总压和动压　　　C. 全压和动压　　　D. 全压和静压

55. 《安全生产法》规定：生产经营单位的特种作业人员必须按照国家有关规定经专门的安全作业培训，（　　　）。

A. 培训相应知识，方可上岗作业　　　B. 取得相应资格，方可上岗作业

C. 培训相应技能，方可上岗作业　　　D. 取得相应学历，方可上岗作业

56. 以下关于人身安全的表述，错误的是（　　　）。

A. 未办理安全作业票及不系安全带者，严禁高处作业

B. 岗位技术考核不合格者，可以独立上岗操作辅助机器设备

C. 不戴好安全帽者，严禁进入检修、施工现场或交叉作业现场

D. 不按规定着装者或班前饮酒者，严禁进入生产岗位或施工现场

57. 压力容器、压力管道元件等特种设备的制造过程，应当经特种设备检验机构按照安全技术规范的要求进行（　　　）。

A. 标准检验　　　B. 监督检验　　　C. 规范检验　　　D. 出厂检验

58. 运行值班记录应按规定的内容如实填写，字迹工整，并保持记录册整洁、完整，不得随意涂改，做好统一保管。运行值班记录应至少保存（　　　）年。

A. 1　　　　　　　B. 5　　　　　　　C. 10　　　　　　　D. 15

59. 5S 活动的基本内容中，把需要的人、事、物加以定量、定位，以便在最简捷、有效的规章、制度、流程下完成相关事务，将该活动定义为（　　　）。

A. 整理　　　　　　B. 整顿　　　　　　C. 清扫　　　　　　D. 清洁

60. 设备管理规章制度可分为管理和技术两大类。以下选项属于管理类的是（　　　）。

A. 技术标准　　　B. 工作定额　　　C. 管理制度　　　D. 工作规程

61. 在稳定传热条件下，1m 厚的材料，两侧表面的温差为 1 度（K，℃），在 1s，通过 1m² 面积传递的热量，称为（　　　）。

A. 导热系数　　　B. 放热系数　　　C. 传热系数　　　D. 换热系数

62. 流体力学既包含自然科学的基础理论，又涉及工程技术方面的应用，如从流

体作用力的角度，不包括（　　）。

　　A. 流体系统学　　　B. 流体运动学　　　　C. 流体动力学　　　　D. 流体静力学

　　63. 流体在作稳定流动时，有四种能量可能发生转化，它们是（　　）。

　　A. 势能、动能、动压能、内能　　　　B. 位能、动能、静压能、内能

　　C. 动能、势能、静压能、机械能　　　D. 压力能、全压能、动能、阻力损失

　　64. 焓-湿（h-d）图是将湿空气各种参数之间的关系用图线表示的工程图，图中给定的湿空气状态参数是（　　）。

　　A. 水蒸气分压力　　B. 大气压力　　　C. 绝对湿度　　　　D. 热湿比

　　65. 在密闭容器中的定量气体，在恒温下，气体的压力和体积成反比关系，此定律称之为（　　）。

　　A. 查理定律　　　　B. 亨利定律　　　　C. 拉乌尔定律　　　　D. 波义耳定律

　　66. 空气热湿处理方案要求用表面式加热器，则空气处理过程是（　　）。

　　A. 等焓升温　　　　B. 减湿升温　　　　C. 加湿升温　　　　D. 等湿升温

　　67. 中央空调的回风管道都是（　　）。

　　A. 低速风道　　　　B. 中速风道　　　　C. 高速风道　　　　D. 超高速风道

　　68. 风机盘管机组的使用场合是（　　）。

　　A. 通用性空调　　　B. 标准性空调　　　C. 工艺性空调　　　D. 舒适性空调

　　69. 喷水室水温为空气的湿球温度时，其特点是（　　）。

　　A. 减湿冷却　　　　B. 等湿冷却　　　　C. 等温加湿　　　　D. 等焓加湿

　　70. 以下关于表面式加热器的表述，错误的是（　　）。

　　A. 采用热水时，应上进下出　　　　　B. 采用蒸汽时，应上进下出

　　C. 采用冷凝器时，应上进下出　　　　D. 采用制冷剂时，应上进下出

　　71. 加湿器实际加湿量和输入功率的比值称之为（　　）。

　　A. 加湿效率　　　　B. 加湿能效　　　　C. 加湿率　　　　　D. 加湿量

　　72. 以下关于内压容器耐压试验的目的，表述错误的是（　　）。

　　A. 考验容器的宏观强度　　　　　　　B. 密封结构的密封性能

　　C. 考验容器的外压稳定性　　　　　　D. 检验焊接接头的致密性

　　73. 安全阀应按设计文件规定的设定压力进行调试并填写安全阀整定记录。每个安全阀的启闭试验应不少于（　　）次。

　　A. 1　　　　　　　　B. 2　　　　　　　　C. 3　　　　　　　　D. 4

　　74. 螺杆式制冷压缩机转子的参数中，可变基元容积在吸气终了时的最大容积 V_1，与内压缩终了的容积 V_2 的比值，称为螺杆式制冷压缩机的（　　）。

　　A. 内容积比　　　　B. 内压缩比　　　　C. 内空间比　　　　D. 内压力比

　　75. 空调用离心式制冷装置的蒸发温度在 0～10℃ 范围内，其离心式制冷压缩机不采用（　　）。

　　A. 单级　　　　　　B. 双级　　　　　　C. 三级　　　　　　D. 四级

　　76. 氟利昂、氨卧式冷凝器的出口连接（　　）。

　　A. 高压级制冷压缩机排出口　　　　　B. 低压级制冷压缩机排出口

　　C. 高压储液器进液管的接口　　　　　D. 高压储液器均压管的接口

77. 目前应用的翅片片型有很多，在以下显的翅片中不属于强化翅片的是（   ）。

A. 平板型　　　　　B. 皱纹型　　　　　C. 条缝型　　　　　D. 百叶窗型

78. 选用阀门时，要明确阀门在设备或装置中的用途，以下选项不属于其中的是（   ）。

A. 焊接　　　　　B. 介质　　　　　C. 工作压力　　　　　D. 工作温度

79. 一般情况热力膨胀阀的感温包尽量装在蒸发器出口水平段的回气管上，而且不宜垂直安装，当水平回气管直径≤22mm 时，感温包宜安装在（   ）。

A. 回气管的正下端　　　　　　　　B. 回气管的顶上端

C. 回气管的侧下 45°　　　　　　　D. 回气管的侧上 45°

80. 在下列阀门中，可调节的阀门是（   ）。

A. 排污阀　　　　　B. 安全阀　　　　　C. 疏水阀　　　　　D. 单向阀

81. 应对安装使用后的阀门进行定期检修，以确保正常工作，以下表述不正确的是（   ）。

A. 阀门上的标尺应保持完整、准确、清晰，阀门的铅封、盖帽要齐备

B. 如手轮丢失，应使用尺寸合适的活扳手临时代替

C. 运行中的阀门，避免对其敲打，或者支撑重物

D. 填料压盖不允许歪斜或无预紧间隙

82. Pt100 是铂热电阻，它的阻值会随着温度的变化而改变。Pt 后的 100 即表示它在 0℃时阻值为（   ）。

A. 10Ω　　　　　B. 100Ω　　　　　C. 100kΩ　　　　　D. 100MΩ

83. 无泵自动抽气装置的核心部件是（   ）。

A. 驱气罐　　　　　B. 电磁阀　　　　　C. 引射器　　　　　D. 真空泵

84. 以下关于制冷机组使用蒸发器型式的表述，错误的是（   ）。

A. 氟利昂活塞式冷水机组用的壳管式蒸发器属于半满液式

B. 氟利昂离心式冷水机组用的壳管式蒸发器属于半满液式

C. 氟利昂螺杆式冷水机组用的壳管式蒸发器属于半满液式

D. 氨活塞式制冷系统使用的壳管式卧式蒸发器属于满液式

85. 典型的吊顶式和落地式冷风机属于（   ）。

A. 按风机类型的分类　　　　　　　B. 按安装位置的分类

C. 按换热效果的分类　　　　　　　D. 按工质特点的分类

86. 在可编程控制器常用的 I/O 分类中，按信号类型分类的模拟量是（   ）。

A. 继电器隔离　　　B. 热电偶　　　C. 0～20mA　　　D. AC220V

87. 电磁阀应保证在电源电压波动范围为额定电压的（   ）。

A. 1%～5%　　　B. 10%～15%　　　C. 20%～25%　　　D. 25%～30%

88. 三位式调节可以用两个继电器的触点组成，其输出状态有（   ）。

A. 两种　　　　　B. 三种　　　　　C. 四种　　　　　D. 八种

89. 控制器输入的变化相对值与相应的输出变化相对值之比的百分数，称为（   ）。

A. 比例度　　　　　B. 积分度　　　　　C. 微分度　　　　　D. 控制度

90. 以下选项中，有关模糊控制的表述不正确的是（   ）。

A. 简化系统设计，特别适用于非线性、时变、滞后、模型不完全系统的控制

B. 模糊控制器是一语言控制器，便于操作人员使用自然语言进行人机对话

C. 模糊控制器是一种容易控制、掌握的较理想的非线性控制器

D. 模糊控制器一般要求对被控制对象建立完整的数学模式

91. 在单级制冷系统中，一般不造成制冷剂在膨胀阀前"闪气"产生气体的情况是（　　）。

　　A. 冷凝压力太低　　　B. 液管流阻过大　　　C. 液管吸热过多　　　D. 液管上行高度大

92. 在典型单级离心式制冷系统中，为满液式蒸发器供液的装置是（　　）。

　　A. 电热膨胀阀　　　B. 热力膨胀阀　　　C. 高压浮球阀　　　D. 低压浮球阀

93. 冷水机组的制冷辅助设备安装前，应进行单体吹污，吹污可用 0.8MPa（表压）的压缩空气进行，直至无污物排出为止，次数不应少于（　　）次。

　　A. 5　　　　　B. 4　　　　　C. 3　　　　　D. 2

94. 用万用表对所有的电气线路仔细检查，用兆欧表测量，确信无外壳短路；检查接地线是否正确安装到位，对地绝缘电阻应（　　）。

　　A. >0.2MΩ　　　B. >2MΩ　　　C. >10MΩ　　　D. >20MΩ

95. 对照冷却水出水温度以及冷凝器制冷剂温度，冷凝管可能结垢的差值一般为（　　）。

　　A. >3℃　　　B. <3℃　　　C. <6℃　　　D. >6℃

96. 典型活塞式制冷压缩机几十秒即停止，最可能是（　　）。

　　A. 热继电器断相保护　　　　　　　　B. 油压差控制器保护

　　C. 空气开关短路保护　　　　　　　　D. 螺旋保险短路保护

97. 氟利昂活塞式冷水机组，节流阀开启度过大，会使下列参数下降的是（　　）。

　　A. 过冷度　　　B. 过热度　　　C. 冷凝温度　　　D. 过冷温度

98. 当过滤器表面无变化，手摸能感觉出温差，是因为（　　）。

　　A. 过滤器表面温度高于空气露点温度

　　B. 过滤器表面温度低于空气露点温度

　　C. 过滤器内部工质流动速度过于缓慢

　　D. 过滤器内部是工质和油的混合流动

99. 循环水的冷却主要是通过水与空气的接触，由蒸发、对流、辐射三个过程共同作用；三种散热过程在冷却中所起的作用也不同，炎热的夏季的蒸发散热量可达总散热量的（　　）。

　　A. 90%以上　　　B. 80%以上　　　C. 70%以上　　　D. 60%以上

100. 冷却循环水系统在冷却过程中的损失包括（　　）。

　　A. 蒸发损失　　　B. 风吹损失　　　C. 随机损失　　　D. 渗漏损失

101. 冷却塔进出水温差称为（　　）。

　　A. 幅度差　　　B. 温差幅　　　C. 逼近度　　　D. 水温差

102. 维修冷却塔运转部件需要做静平衡试验的是（　　）。

　　A. 减速机　　　B. 布水器　　　C. 风机　　　D. 电机

103. 阀门高压密封试验和上密封试验的试验压力为阀门公称压力的（　　）倍。

　　A. 1.1　　　　　B. 1.5　　　　　C. 2.0　　　　　D. 2.5

104. 按阀门的公称压力分类，公称压力小于等于 1.6MPa 的阀门属于（　　　）。

    A. 低压阀　　　　　B. 中压阀　　　　　C. 高压阀　　　　　D. 超高压阀

105. 在测脉动压力时，一般压力表最大量程选择接近或大于正常压力测量值的（　　　）倍。

    A. 1.5　　　　　　　B. 1.7　　　　　　　C. 2　　　　　　　　D. 3

106. JC-3.5 型压差控制器的延时控制元件是（　　　）。

    A. 电子延时继电器　　　　　　　　　　B. 气囊延时继电器

    C. PTC 元件　　　　　　　　　　　　　D. 双金属片

107. 在通风干湿球湿度计中，湿球温度计的球部用白纱布包好，将纱布另一端浸在水槽里，即由毛细作用使纱布经常保持潮湿，风扇强制向其吹风，风速为（　　　）m/s。

    A. 0.1～1.0　　　　B. 1.5～2.0　　　　C. 2.5～4.0　　　　D. 5.5～10.0

108. 双金属温度计是一种广泛应用的现场检测仪表，可以直接测量各种生产过程中的范围内液体蒸汽和气体介质温度，其测温范围是（　　　）℃。

    A. －150～+200　　B. －100～+1500　C. －80～+500　　　D. －40～+1500

109. 压差式流量开关对于水流量的测量，可通过测量阀门、孔板等两端的压降和流量曲线即可得到准确的流量，在冷却水侧不宜用于（　　　）。

    A. 氨用立式冷凝器

    B. 氨用壳管式换热器

    C. Freon 用板式换热器

    D. Freon 用套管式换热器

110. 风速仪是用来测量气流速度的仪表，风速最大测量范围是（　　　）m/s。

    A. 1.5～20　　　　B. 0.5～100　　　　C. 0.05～30　　　　D. 0.005～50

111. 风速仪表属于安全防护、环境监测类的计量仪表，是我国计量法规定的（　　　）。

    A. 安全性检定计量器具　　　　　　　　B. 准确性检定计量器具

    C. 强制性检定计量器具　　　　　　　　D. 推荐性检定计量器具

112. 典型空盒气压表感应元件的弹性系数变化，须采取的措施是（　　　）。

    A. 压力补偿　　　　B. 基准补偿　　　　C. 温度补偿　　　　D. 湿度补偿

113. 用皮托管测量压力，再算出气流的速度的方法是运用（　　　）。

    A. 帕斯卡定理　　　B. 普朗特定理　　　C. 伯努利定理　　　D. 达朗伯定理

114. 以下关于倾斜微压计的使用方法，错误的是（　　　）。

    A. 测量压差时，将被测高压接在阀门"＋"压接头上，低压接在阀门"－"压接头上

    B. 测量过程中，如欲校对液面零位是否有变化，可将阀门拨至"测压"处进行校对

    C. 被测压力高于大气压力，将被测压力的管子接在阀门"＋"压接头上

    D. 将阀门拨在"校准"处，旋动零位调整旋钮校准液面的零点

115. 以下关于"从业人员的安全生产权利义务"的选项中，表述不正确的是（　　　）。

    A. 劳动合同中应当载明有关保障从业人员劳动安全、防止职业危害的事项

B. 从业人员应当提高安全生产技能，增强事故预防和应急处理能力

C. 从业人员发现直接危及人身安全的紧急情况时，要全力制止

D. 从业人员应严格遵守本单位的安全生产规章制度和操作规程

116. 国际电工委员会正式发布了《电气/电子/可编程电子安全系统的功能安全》IEC 61508 标准，将过程安全所需要的安全度等级划分为 4 级，用于事故偶尔发生的级别是（ ）。

A. 1 级　　　　　B. 2 级　　　　　C. 3 级　　　　　D. 4 级

117. 特种设备使用单位应当建立特种设备安全技术档案，其中不包括（ ）。

A. 特种设备的定期检验和定期自行检查记录

B. 与特种设备的配套设备维护保养记录

C. 特种设备的日常使用状况记录

D. 特种设备运行故障和事故记录

118. 制冷系统的贮液器液面应相对稳定，卧式高压贮液器的液位高度不得低于容器直径的（ ）。

A. 1/2　　　　　B. 1/3　　　　　C. 1/4　　　　　D. 1/5

119. 质量管理体系包括四大过程，以下表述不正确的是（ ）。

A. 管理职责　　　B. 资源管理　　　C. 产品实现　　　D. 分析总结

120. RCM 是欧美通过对设备磨损曲线和设备故障诊断技术进行了进一步的研究后发展出来的一种维修体系，RCM 的意思是（ ）。

A. 以实用性为中心的维修　　　　B. 以可靠性为中心的维修

C. 以经济性为中心的维修　　　　D. 以安全性为中心的维修

121. 使物质由气态变为液态的最高温度称之为（ ）。

A. 饱和温度　　　B. 过冷温度　　　C. 过热温度　　　D. 临界温度

122. 当两种流体，入口温差和出口温差相差不大时，则平均温差可按（ ）。

A. 对数平均温差计算　　　　　B. 积分平均温差计算

C. 函数平均温差计算　　　　　D. 算术平均温差计算

123. 由两种或两种以上的制冷剂按一定的比例混合而成。在定压下气化或液化过程中，蒸汽成分与溶液成分不断变化，对应的温度也不断变化，该类制冷剂称为（ ）。

A. 纯共沸制冷剂　　B. 非共沸制冷剂　　C. 近共沸制冷剂　　D. 准共沸制冷剂

124. 在载冷剂以间接冷却方式工作的制冷装置中，将被冷却物体的热量传给正在蒸发的制冷剂的工质，载冷剂热量传递的是（ ）。

A. 潜热　　　　　B. 显热　　　　　C. 混合热　　　　D. 交换热

125. 干球温度是指温度计测得的空气温度，常采用摄氏温度，通常表示为（ ）。

A. DB　　　　　B. WB　　　　　C. GB　　　　　D. SB

126. 空气是指地球大气层中的气体混合，其中氮气的比例是（ ）。

A. 88%　　　　　B. 78%　　　　　C. 61%　　　　　D. 21%

127. 风量调节阀一般分为若干种，一般不包括（ ）。

A. 对开多叶调节阀　B. 喷射型调节阀　C. 顺开调节阀　　　D. 单叶调节阀

128. 在空调系统中，以下表述不正确的是（ ）。

A. 在工艺性空调中，一次回风式系统夏季运行必要时要开启二次加热器

B. 如果热湿比线不能与 $\varphi=100\%$ 相交，则不能使用二次回风式空调系统

C. 淋水室喷淋的水直接与被处理的空气接触，因此处理过程一定是加湿

D. 溴化锂吸收式制冷机制取 0℃以上的水，因此只能用于舒适性空调中

129. 使表冷器处理空气，能否去湿的关键温度是被处理空气的（　　）。

A. 湿球温度　　　　B. 露点温度　　　　C. 机器露点　　　　D. 干球温度

130. 单级两排喷水室通常采用（　　）。

A. 顺喷　　　　　　B. 逆喷　　　　　　C. 横喷　　　　　　D. 对喷

131. 风道式电加热器主要用于风道中的空气加热，规格分为低温、中温、高温三种形式，其中低温型加热器气体加热最高温度不超过（　　）℃。

A. 160　　　　　　B. 260　　　　　　C. 320　　　　　　D. 360

132. 利用水吸收空气的显热进行蒸发加湿的方法属于（　　）。

A. 等压加湿　　　　B. 等熵加湿　　　　C. 等焓加湿　　　　D. 等温加湿

133. 高效过滤器检测方法包括若干种，其中属于基准方法的是（　　）。

A. 计数法　　　　　B. 钠焰法　　　　　C. 油雾法　　　　　D. 荧光法

134. 以下选项中，不属于压力容器安全管理制度的是（　　）。

A. 压力容器的技术档案管理制度　　　　B. 安全附件检验或更换管理制度

C. 压力容器统计和事故报告制度　　　　D. 压力容器标准制定和修订制度

135. 影响活塞式制冷压缩机输气系数的最主要因素是（　　）。

A. 压缩比　　　　　B. 蒸发温度　　　　C. 冷凝温度　　　　D. 环境温度

136. 螺杆式制冷压缩机加装吸气止回阀和排气止回阀的目的是（　　）。

A. 防止停车时液击　　　　　　　　　　B. 防止停车时倒转

C. 防止运转时超压　　　　　　　　　　D. 防止运转时奔油

137. 以下设备不属于直燃型双效溴化锂制冷系统的是（　　）。

A. 高压发生器　　　　　　　　　　　　B. 凝水换热器

C. 低温溶液热交换器　　　　　　　　　D. 高温溶液热交换器

138. 以下用于冷却液体载冷剂——水、盐水、乙二醇水溶液的蒸发器中，不适用的蒸发器形式是（　　）。

A. 螺旋管式蒸发器　　　　　　　　　　B. 立管式蒸发器

C. 搁架式蒸发器　　　　　　　　　　　D. 卧式蒸发器

139. 以下选项中属于纯水冷式冷凝器的是（　　）。

A. 丝管式冷凝器　　B. 蒸发式冷凝器　　C. 翅片管式冷凝器　　D. 螺旋板式冷凝器

140. 风冷冷凝器的风机属于小功率电动机，需要通过 3C 认证，即（　　）。

A. 强制性产品认证制度　　　　　　　　B. 质量体系认证制度

C. 产品合格评定制度　　　　　　　　　D. 产品质量管理制度

141. 在管道组成件中，利用装在阀杆下的阀盘与阀体的突缘部分相配合来控制启闭的阀门称为（　　）。

A. 闸阀　　　　　　B. 蝶阀　　　　　　C. 节流阀　　　　　D. 截止阀

142. 对于阀门的试验不包括（　　）。

A. 强度试验　　　B. 刚度试验　　　C. 气密封试验　　　D. 水密封试验

143. 以下关于靶式流量开关的表述，不正确的是（　　）。

A. 靶式流量开关控制流量不控制压力

B. 靶式流量开关在流量为下限时发出信号

C. 靶式流量开关的控制信号是二位通断信号

D. 靶式流量开关可以防止流量瞬时变化的影响

144. PLC 与电气回路的接口，是通过输入输出部分（I/O）完成的，以下属于开关量输入的符号是（　　）。

A. DI　　　　　B. AI　　　　　C. DO　　　　　D. AO

145. 在角行程执行器的参数中，以下属于抗干扰指标方面的参数是（　　）。

A. 阀位反馈信号：4～20mA，DC 负载阻抗≤750Ω

B. 模拟信号：4～20mA，DC 输入阻抗 250Ω

C. 输出触点容量：AC250V 5A

D. 外磁场：≤400A/m，50HZ

146. 两位调节器不能控制的设备是（　　）。

A. 电磁阀　　　B. 电动阀　　　C. 交流电机　　　D. 伺服电机

147. 以下有关微分作用的叙述，不正确的是（　　）。

A. 微分作用具有抑制振荡的效果，可提高系统的稳定性

B. 微分作用具有减少被控变量的波动幅度，并降低余差

C. 微分控制具有"延迟"控制作用

D. 微分控制具有"超前"控制作用

148. 为了改善模糊控制器的性能，必须让它有自我完善的能力，使模糊控制器能够根据设定的目标，增加或修改模糊控制规则，该方式称为（　　）。

A. 学习　　　　B. 推理　　　　C. 操作　　　　D. 模仿

149. 单级制冷系统不宜采用回热循环的制冷剂是（　　）。

A. R22　　　　B. R134a　　　C. R717　　　　D. R502

150. 采用 R22 时，制冷压缩机最高排气温度不超过（　　）℃。

A. 95　　　　　B. 110　　　　C. 145　　　　　D. 160

151. 在单级氟利昂制冷系统中，必须安装的设备是（　　）。

A. 冷凝器　　　B. 回热器　　　C. 分油器　　　　D. 储液器

152. 螺杆式冷水机组阀件较多，安装调试较困难，安装调试人员必须对于系统相当熟悉，调试中对各阀件进行认真调节，（　　）。

A. 直到系统能够运行为止　　　　B. 直到系统最优运行为止

C. 直到系统运行可靠为止　　　　D. 直到系统运行稳定为止

153. 典型冷水机组电制是（　　）。

A. 三相三线制，380V±5%　　　　B. 三相四线制，380V±10%

C. 三相五线制，380V±10%　　　　D. 三相五线制，380V±15%

154. 单级氟利昂制冷系统需要经常性维护，在每月的维护内容中，一般不包括（　　）。

A. 检查分析运行参数记录表

B. 检查制冷系统的高、低压力值是否正常

C. 检查各电机的运行电流、机组的绝缘电阻是否正常

D. 检查制冷压缩机轴瓦是否正常，如磨损超过极限，应进行修复

155. 典型活塞式制冷压缩机吸气温度过高原因不包括（   ）。

A. 系统中工质不足　　　　　　　　B. 热力膨胀阀堵塞

C. 吸气过滤器堵塞　　　　　　　　D. 分油器油位过高

156. 氟利昂活塞式制冷压缩机气缸垫击穿，会使数值降低的参数是（   ）。

A. 吸气压力　　　B. 排气压力　　　C. 冷凝温度　　　D. 蒸发温度

157. 在单级活塞式制冷压缩机的故障中，高低压的缸垫被击穿，不会出现的情况是（   ）。

A. 高低压压力表指示数接近　　　　B. 高低压管路温度数值接近

C. 压缩机曲轴箱中有敲击声　　　　D. 压缩机电动机电流值偏低

158. 循环冷却水系统分为敞开式和封闭式两类。敞开式系统的降温极限是冷却空气的（   ）。

A. 干球温度　　　B. 露点温度　　　C. 湿球温度　　　D. 平均温度

159. 冷却水循环系统内设备和管道经化学清洗后，金属的本体裸露出来，很容易在水中溶解氧等的作用下再发生腐蚀，为了保证正常运行，应进行的处理叫作（   ）。

A. 补膜　　　　　B. 预膜　　　　　C. 修膜　　　　　D. 覆膜

160. 冷却塔标准规定，根据进塔水温选择阻燃耐温性能不同的填料，宜选择改性聚氯乙烯的温度是（   ）。

A. $t_1 \leqslant 40℃$　　　B. $t_1 \leqslant 45℃$　　　C. $t_1 \leqslant 55℃$　　　D. $t_1 \leqslant 60℃$

161. 下列选项中属于冷却塔运行巡检标准的是（   ）。

A. 每年春、秋季各一次定期清除集水盘内的青苔、淤泥和杂物

B. 观测布水是否分布均匀合理，集水塔盘补水是否正常

C. 对于阀门和传动装置应定期加油保养

D. 冬季前应将冷却塔集水盘排空防冻

162. 阀门的结构特征是根据关闭件相对于阀座移动的方向分类，关闭件沿着垂直阀座中心移动的阀门是（   ）。

A. 蝶阀　　　　　B. 闸阀　　　　　C. 滑阀　　　　　D. 球阀

163. 阀门电动装置按所驱动的阀门类型不同，可分为 Z 型和 Q 型两大类。Z 型阀门电动装置的输出轴可以转出很多圈，适用于驱动（   ）。

A. 旋塞阀　　　　B. 蝶型阀　　　　C. 球阀　　　　　D. 闸阀

164. 带开关电信号控制型的压力表是（   ）。

A. 远传压力表　　B. 压力变送器　　C. 电接点压力表　　D. 电阻远传压力表

165. 下列关于压力显示仪表安装的表述，不正确的是（   ）。

A. 压力显示仪表应经常进行检定，周期为每三年一次

B. 使用工作环境振动频率＜25Hz，振幅不大于 1mm

C. 仪表必须垂直：安装时应当使用扳手旋紧

D. 仪表使用宜在周围环境温度为 -25~55℃

166. 通过密闭的内充感温工质的温包和毛细管，把被控温度的变化转变为空间压力或容积的变化，通过弹性元件和快速瞬动机构驱动开关，达到控制温度的目的，该温控器属于（　　）。

A. 突跳式温控器　　B. 压力式温控器　　C. 差压式温控器　　D. 温差式温控器

167. 辐射高温计根据物体的辐射能与温度之间的关系来测量温度的仪表，辐射高温计分为（　　）。

A. 半辐射高温计和局部辐射高温计　　B. 半辐射高温计和关系辐射高温计

C. 全辐射高温计和能量辐射高温计　　D. 全辐射高温计和部分辐射高温计

168. 以下关于插入式流量开关特点的说法，错误的是（　　）。

A. 开关的机械部分与电子部分安全隔离

B. 开关不含容易导致故障发生的波纹管

C. 开关的电器部件不与温差大的金属部件直接接触

D. 开关使用接近开关，具有较小的断开和复位流量

169. 固定开关点活塞式流量开关的重要概念是流量启动点，把小于起点流量值的流量称为（　　）。

A. 微流量　　　　B. 无流量　　　　C. 无感流量　　　　D. 阈值流量

170. 给风速敏感元件一个恒定电流，加热至一定温度后，其随气流变化被冷却的程度为风速的函数，该种风速仪称为（　　）。

A. 恒温式　　　　B. 恒流式　　　　C. 恒压式　　　　D. 恒热式

171. 热球式风速仪在日常维护使用中，不正确的方法是（　　）。

A. 不允许在可燃性气体环境中使用　　B. 要使用挥发性液体来清洗传感器

C. 不要带电触摸探头的传感器部位　　D. 不要将风速计的本体暴露在雨中

172. 空盒气压表的感应元件是薄膜空盒，其材料是（　　）。

A. 弹性橡胶　　　B. 弹性金属　　　C. 弹性塑料　　　D. 弹性尼龙

173. 倾斜式微压计有 5 档倾斜常数 k，但不包括（　　）。

A. 0.8　　　　B. 0.5　　　　C. 0.4　　　　D. 0.2

174. 以下关于倾斜微压计校准基本要求的表述中，错误的是（　　）。

A. 校准必须得有国家办法的 CNAS 计量资质的地方计量所或者第三方校准单位

B. 仪器作为校准用的标准仪器其误差限应是被校表误差限的 1/3~1/10

C. 校准在现场进行，则环境条件要满足实验室要求的温度、湿度规定

D. 进行校准的人员也应经有效的考核，并取得相应的合格证书

175. 安全设备的设计、制造、安装、使用、检测、维修、改造和报废，应当符合（　　）。

A. 国家标准或者行业标准　　　　B. 国家标准或者企业标准

C. 行业标准或者职业标准　　　　D. 劳动标准或者职业标准

176. 存在职业危害的生产经营单位的作业场所应当符合有关管理规定，以下表述不正确的是（　　）。

A. 生产布局科学合理，有害作业与无害作业分开

B. 有与职业危害防治工作相适应的有效防护设施

C. 作业场所与生活场所分开，作业场所可以住人

D. 职业危害因素的强度或者浓度符合国家与行业标准

177. 特种设备安装、改造、修理竣工后，安装、改造、修理的施工单位应将相关技术资料和文件移交特种设备使用单位，时间限制为（ ）。

A. 在验收后 10 日内 　　　　　　　　B. 在验收后 15 日内

C. 在验收后 30 日内 　　　　　　　　D. 在验收后 60 日内

178. 监测制冷系统的运行状况，定时做好运行记录，确保系统安全正常运行，通常采用的方式包括（ ）。

A. 人工智能系统 　　　　　　　　　　B. 决策支持系统

C. 计算机专家系统 　　　　　　　　　D. 人工与自动仪器系统

179. 项目是在规定时间内，在明确的工作目标和有限资源下，由专门组织起来的人员共同完成的，项目的基本要素不包括（ ）。

A. 项目都有一个明确的目标 　　　　　B. 项目受各种有限资源的限制

C. 项目是由一系列具体工作所组成 　　D. 项目是一种重复性或长期性的工作

180. 在使用前后或每日工作前后对设备仪器按照一定准则进行检查，确认有无故障和异常，术语是（ ）。

A. 点检 　　　　　B. 检验 　　　　　C. 确认 　　　　　D. 检测

得　分	
评分人	

二、多项选择题（选择正确的答案，将相应的字母填入题内的括号中，错选、漏选、多选均不得分，也不反扣分，每题 1 分。）

181. 热力学在系统平衡态概念的基础上，定义了描述系统状态所必须的状态函数包括（ ）。

A. 热力学温度 T 　B. 内能 U 　　　　C. 熵 S 　　　　　D. 焓 H

182. 在工程传热学中，传热的基本方式包括（ ）。

A. 换热 　　　　　B. 导热 　　　　　C. 对流 　　　　　D. 辐射

183. 理想的制冷剂在工作温度范围内，应具有的优点包括（ ）。

A. 适当的饱和蒸汽压力 　　　　　　　B. 单位容积制冷量大

C. 黏度和密度要大 　　　　　　　　　D. 热导率高

184. 关于湿空气 h-d 图结构的表述，正确的是（ ）。

A. h-d 图以绝对湿度 d 为横坐标 　B. h-d 图以焓 h 为纵坐标

C. 图上有等干球温度线 　　　　　　　D. 图上有等相对湿度线

185. 在以下选项中，正确的说法包括（ ）。

A. 湿空气是指含有水蒸气的空气

B. 空气的组合成分通常是一定的

C. 干空气是由氮气、氧气所组成的混合气体

D. 完全不含水蒸气的空气称为理想空气

186. 为了防止卫生间的气味外溢，饭店客房一般采用卫生间机械排风，常用形式有（   ）。

A. 卫生间设排气扇和防火阀，屋顶设引风机

B. 卫生间设普通排气扇，竖井依靠自然排风

C. 卫生间排风口设置防火阀，屋顶设引风机

D. 卫生间设普通涡流排气扇，竖井强制送风

187. 新风机组控制包括很多项目，以下选项属于其中的有（   ）。

A. 防冻控制   B. CO_2 浓度控制   C. 送风温度控制   D. 送风相对湿度控制

188. 热环境条件是指物理参数对人体的热舒适性所发生的综合作用。这些物理参数中属于评价风机盘管所提供的热环境舒适条件的重要参数是（   ）。

A. 人体的代谢量   B. 平均辐射温度   C. 空气流动速度   D. 空气干球温度

189. 以下可以当作集中式空调加热器的有（   ）。

A. 表面式换热器   B. 电热管加热器   C. 蒸汽型加热器   D. 风冷冷凝器

190. 家用加湿器和工业加湿器常见的类型有（   ）。

A. 纯粹型加湿器   B. 超声波加湿器

C. 电加热型加湿器   D. 湿膜蒸发式加湿器

191. 空气过滤器的相关原理中，一般包括（   ）。

A. 筛选   B. 拦截   C. 惯性   D. 扩散

192. 下述项目中，压力容器设计总图中一般应注明的内容有（   ）。

A. 最大允许工作压力   B. 最大工作压力

C. 计算厚度   D. 容积

193. 管道制作、安装单位应具有符合压力管道安全监察有关法规要求的质量管理体系或质量保证体系。压力管道安装工程竣工后，制作、安装单位应向业主提交的文件和资料有（   ）。

A. 工程交接验收证书

B. 管道竣工图（含设计修改文件和材料代用单）其修改等变更应在竣工图上直接标注

C. 压力管道组成件和支撑件、焊接材料的产品合格证、质量证明书或复验、试验报告

D. 施工检查记录和检验、试验报告。其格式和内容应符合相应施工及验收规范的规定

194. 在活塞式制冷压缩机中使用的油泵多为（   ）。

A. 月牙形齿轮泵   B. 内啮合转子泵   C. 外啮合齿轮泵   D. 单级离心泵

195. 以下选项中，典型螺杆式制冷压缩机的运行参数正确的有（   ）。

A. 排气压力高保护：排气压力≤1.57MPa

B. 精滤器前后压差高保护：压差 0.1MPa

C. 喷油温度高保护：喷油温度≤65℃

D. 油压差低保护：油压差≥0.1MPa

196. 以下关于双效溴化锂制冷机流程的说法，正确的包括（   ）。

A. 先上高压发生器再进低压发生器的串流流程

B. 先上低压发生器再进高压发生器的串流流程

C. 在低温热交换器之后分流的并联流程

D. 在低温热交换器之前分流的并联流程

197. 按供液方式分类，蒸发器一般包括（　　）。

A. 壳管式蒸发器　　B. 满液式蒸发器　　C. 板式蒸发器　　　　D. 干式蒸发器

198. 下列选项中，属于强制风冷冷凝器翅片管簇结构参数的包括（　　）。

A. 翅片厚度　　　　B. 翅片节距　　　　C. 传热管内径　　　　D. 传热管外径

199. 空气冷却式冷凝器腐蚀的速度与其安装环境有关的是（　　）。

A. 腐蚀性成分　　　B. 空气湿度　　　　C. 粉尘数量　　　　　D. PM2.5

200. 选择热力膨胀阀要考虑的参数包括（　　）。

A. 冷凝器的压差　　B. 制冷剂型号　　　C. 蒸发温度　　　　　D. 制冷量

201. 影响对流传热强弱的主要因素有很多，以下说法正确的是（　　）。

A. 流体有无相变　　　　　　　　　　B. 流体的物理性质

C. 对流运动成因和流动状态　　　　　D. 传热表面的形状、尺寸和相对位置

202. 条件粘度指采用不同的特定粘度计所测得的以条件单位表示的粘度，各国通常用的条件粘度有（　　）。

A. 恩氏粘度　　　　B. 赛氏粘度　　　　C. 雷氏粘度　　　　　D. 布氏粘度

203. 以下属于制冷剂环保性指标的是（　　）。

A. ODP　　　　　　B. GWP　　　　　　C. PC-TWA　　　　　D. PC-STEL

204. 以下选项中，属于常用的载冷剂有（　　）。

A. 丙二醇溶液　　　B. 三氯乙烯　　　　C. 盐水　　　　　　　D. 水

205. 在焓湿空气 h-d 图中，可以查出或通过作图方法得到的温度包括（　　）。

A. 干球温度　　　　B. 湿球温度　　　　C. 露点温度　　　　　D. 标准温度

206. 根据国家环保局统一规定，我国空气质量分为 5 级，以下选项中对标准正确的表述包括（　　）。

A. 当空气污染指数为 0～50 时为 1 级

B. 当空气污染指数为 51～100 时为 2 级

C. 当空气污染指数为 151～200 时为 3 级

D. 当空气污染指数为 251～400 时为 4 级

207. 在空调系统中，常用的空气加湿方法有（　　）。

A. 喷水加湿　　　　B. 超声波加湿　　　C. 远红外线加湿　　　D. 高压蒸汽加湿

208. 在空调系统中，以下分类属于按空气处理设备的集中程度分类的是（　　）。

A. 封闭式　　　　　B. 直流式　　　　　C. 集中式　　　　　　D. 半集中式

209. 以下关于空调负荷的表述，正确的是（　　）。

A. 在某一时刻为保持房间恒温，需向房间供应的冷量称为冷负荷

B. 为维持室内相对湿度所需由房间除去或增加的湿量称为湿负荷

C. 某一时刻进入一个恒温恒湿房间内的总热量称为得热量

D. 为补偿房间失热而需向房间供应的热量称为热负荷

210. 能够使被调房间相对湿度降低的方法有（　　　）。

A. 通过硅胶层　　　　　　　　B. 开启电加热器

C. 表冷器降温去湿处理　　　　D. 喷淋高于湿球温度的水

211. 喷水室是一种多功能的空气调节设备，可对空气进行的处理有（　　　）。

A. 加热　　　　B. 冷却　　　　C. 加湿　　　　D. 减湿

212. 喷水室的喷嘴可使水喷射成雾状，从而增加水与空气的接触面积，使之更好地进行热湿交换，喷嘴以喷孔的大小分类，包括（　　　）。

A. 粗喷　　　　B. 中喷　　　　C. 细喷　　　　D. 微喷

213. 在组合式空调机组中，常用的加热段包括（　　　）。

A. 蒸气加热段　　B. 热水加热段　　C. 热泵加热段　　D. 电加热段

214. 《洁净厂房设计规范》GB 50073—2001 中指出"空气过滤器的处理风量应小于或等于额定风量。设置在同一洁净区内的高效（亚高效、超高效）空气过滤器的阻力、效率宜接近"。并同时指出洁净室的送风量，应取下列若干项中的最大值，包括（　　　）。

A. 向洁净室内供给的新鲜空气量　　B. 为保证空气洁净度等级的送风量

C. 根据大气压力计算确定的送风量　　D. 根据热、湿负荷计算确定的送风量

215. 压力容器安全操作规程一般包括（　　　）。

A. 压力容器运行中检查的项目部位和可能出现的异常现象和防止措施

B. 压力容器的操作工艺指标及最高工作压力，最高或最低工作温度

C. 压力容器的操作方法，开车和停车的操作程序和注意事项

D. 压力容器停用时的封存规范和保养方法

216. 以下关于单螺杆式制冷压缩机特点的叙述，正确的有（　　　）。

A. 排气孔是轴向的

B. 速度快，泄漏量少

C. 星轮齿材料是玻璃纤维塑料

D. 压缩腔对称，压力可平衡抵消，部分负荷效率高

217. 离心式制冷压缩机的制冷量可以实现无级调节，典型的调节方法（　　　）。

A. 采用叶轮入口可旋转导流叶片调节

B. 采用入口导流叶片与变频调速相结合的调节

C. 采用叶轮入口可旋转导流叶片和阀门相结合的调节

D. 用叶轮进口导流叶片与叶轮出口扩压器宽度可调相结合的调节

218. 以下可以作为强制循环式蒸发器的是（　　　）。

A. 氟利昂满液式蒸发器　　　　B. 氨螺旋管式蒸发器

C. 卧式壳管式蒸发器　　　　　D. 立管式蒸发器

219. 冷库冷风机与空调用的单冷冷风机有区别，其重要部件相同的包括（　　　）。

A. 冷却换热排管　　B. 轴流风机　　C. 融霜装置　　D. 接水盘

220. 水冷式冷凝器有多种形式，以下选项中属于水冷式冷凝器的是（　　　）。

A. 板式冷凝器　　B. 沉浸式冷凝器　　C. 套管式冷凝器　　D. 壳管式冷凝器

221. 温度数值的标定方法称为温标。温标按其标定温度方法的不同，可分为（　　　）。

A. 标准温标　　　　B. 经验温标　　　　C. 热力学温标　　　　D. 理想气体温标

222. 紊流一般相对层流而言，一般用雷诺数判定。在一般管道中，以下对雷诺数的表述正确的有（　　　）。

A. 雷诺数 $Re < 2100$ 为层流状态　　　　B. 雷诺数 $Re > 4000$ 为紊流状态

C. 雷诺数 $Re > 5000$ 为临界状态　　　　D. $Re = 2100 \sim 4000$ 为过渡状态

223. 以下关于 R717 特性的表述，正确的有（　　　）。

A. 在常温下不易燃烧，加热至 350℃时，分解为氮气和氢气

B. 与空气混合的体积分数在 16%～25%时遇明火可能爆炸

C. 在 0.5%～0.6%时，人在其中停留半小时就会中毒

D. 与空气混合的体积分数在 11%～14%时即可燃烧

224. 以下选项中，属于制冷剂压焓图曲线的有（　　　）。

A. 等压线　　　　B. 等焓线　　　　C. 等湿度线　　　　D. 等温度线

225. 在湿空气焓湿图上可以表示的空调过程包括（　　　）。

A. 降温减湿　　　　B. 等温减湿　　　　C. 等温加湿　　　　D. 升温加湿

226. 中央空调系统按负担室内热湿负荷所用的介质可分为（　　　）。

A. 空气-水系统　　　　B. 全空气系统　　　　C. 制冷剂系统　　　　D. 全水系统

227. 以下空气处理过程，属于冬季的有（　　　）。

A. 等温加湿　　　　B. 升温加湿　　　　C. 等湿升温　　　　D. 等焓减湿

228. 空气调节简称空调，是用人为的方法处理室内或封闭空间空气的技术，其内容包括（　　　）。

A. 气流速度　　　　B. 洁净度　　　　C. 湿度　　　　D. 温度

229. 中央空调的风机盘管根据机组静压三分类，包括若干种，属于其中的有（　　　）Pa。

A. 0　　　　B. 12　　　　C. 30　　　　D. 100

230. 影响喷水室热工性能的因素包括（　　　）。

A. 空气与水的初参数　　　　B. 喷水室结构特性

C. 空气质量流速　　　　D. 喷水系数

231. 以下属于集中式空调加热器的有（　　　）。

A. 一次加热器　　　　B. 二次加热器　　　　C. 补充加热器　　　　D. 诱导加热器

232. 根据湿度要求，一般加湿包括（　　　）。

A. 标准性加湿　　　　B. 工艺性加湿　　　　C. 舒适性加湿　　　　D. 特殊性加湿

233. 消声器种类很多，但究其消声机理，又可以把它分为六种主要的类型，以下属于其中的有（　　　）。

A. 阻性消声器　　　　B. 抗性消声器　　　　C. 容性消声器　　　　D. 小孔消声器

234. 以下关于管道特点的表述，正确的包括（　　　）。

A. 压力管道是一个复杂系统，相互关联相互影响，牵一发而动全身

B. 管道组成件和管道支承件的种类繁多，材料技术要求和选用复杂

C. 压力管道长径比很大，极易失稳，受力情况比压力容器更为复杂

D. 压力管道种类多数量大，应用管理环节多，与压力容器大不相同

235. 引起小型氟利昂制冷压缩机排气压力过高的原因有（　　　）。

A. 冷凝器冷却不足　　B. 制冷系统有空气　　C. 制冷充灌量太多　　　　D. 配气阀阀片断裂

236. 以下选项中，属于空调用单级离心式制冷压缩机的部件有（　　　）。

A. 三元叶轮　　　　　B. 扩压器　　　　　　C. 增速器　　　　　　　D. 蜗壳

237. 在下列选项中，关于溴化锂制冷机组冷剂水迅速再生方法的表述，正确的有（　　　）。

A. 当蒸发器液位很低时，关闭再生阀和冷剂泵，待蒸发器液位上升后再正常运行

B. 重新测量冷剂水的密度，如达不到要求，可反复进行冷剂水的再生，直至合格

C. 待蒸发器液位达到规定值后，打开冷剂泵出口阀门，起动冷剂泵进入正常运行

D. 关闭冷剂泵出口阀门，打开冷剂水再生阀，将污染的冷剂水全部旁通至吸收器

238. 在冷却空气的蒸发器中，以下形式正确的包括（　　　）。

A. 翅片排管　　　　　B. 单排蛇管　　　　　C. 套管排管　　　　　　D. 双排 U 形管

239. 典型卧式壳管式冷凝器产品的压力包括（　　　）。

A. 平均压力　　　　　B. 运行压力　　　　　C. 试验压力　　　　　　D. 设计压力

240. 利用蒸发器出口制冷剂蒸气过热度调节阀孔开度以调节供液量的节流装置是（　　　）。

A. 浮球节流阀　　　　B. 电子膨胀阀　　　　C. 热力膨胀阀　　　　　D. 手动膨胀阀

得　分	
评分人	

三、判断题（第 241～300 题，将判断结果填入括号中，正确的填 "√"，错误的填 "×"，每题 1 分。）

241. （　　）热量是指在热力系统与外界之间依靠温差传递的能量，热量可以用 "含有"、"具有" 等词汇描述传递过程。

242. （　　）流体动力学研究静止流体（液体或气体）的压力、密度、温度分布以及流体对器壁或物体的作用力。

243. （　　）按照制冷剂的标准蒸发温度，又分为高温、中温和低温三类，标准蒸发温度是指常压下的沸点。

244. （　　）在空调设计中，热湿比（ε）值通常用房间的余热（ΔQ）和余湿（ΔW）的比值来计算。

245. （　　）VRV 空调系统是变制冷剂流量多联式空调系统，通过控制压缩机的制冷剂循环量和进入室内换热器的制冷剂流量，适时满足室内冷、热负荷要求的直接蒸发式制冷系统。

246. （　　）得热量是为了维持室温恒定，空调设备在单位时间内必须自室内取走的热量，也即在单位时间内必须向室内空气供给的冷量。

247. （　　）冬季加湿时，正确的处理方法是：先对冷空气加热升温，再进行加湿。

248. （　　）风机盘管控制多采用就地控制的方案，分简单控制和温度控制两种。简单控制是使用三速开关直接手动控制风机的三速转换与启停。

249. （　　） 在喷水室的四种管道中，泄水管是排除水池中多余的水，维持一定水位。

250. （　　） 组合式空调机组的加热段可以用作预热段和再热段。

251. （　　） 电极式加湿器根据电流通过电阻产生热，电能转换成热能的原理，电加热管浸没在水中，电热管产生热量，从而使水沸腾变成水蒸气。

252. （　　） 压力容器操作人员应当按照国家有关规定，经特种设备安全监督管理部门考核合格，取得国家统一格式的特种设备作业人员证书，方可从事相应的压力容器的操作。

253. （　　） R134a 开启式活塞制冷压缩机上需要水冷却的部位是气缸盖。

254. （　　） 所有螺杆式制冷压缩机达到启动状态的油温必须是 ≥30℃。

255. （　　） 进口可调导流叶片是离心式制冷压缩机的吸气截止装置，由若干扇形叶片组成，其根部带有转轴。

256. （　　） 蒸发器的传热系数比冷凝器的要小一些，这是因为蒸发器的传热温差较小，一般尚没有达到旺盛的泡状沸腾状态。

257. （　　） 冷却循环水进入卧式壳管式冷凝器的方式一定是两管制，上进下出。

258. （　　） 所有卧式壳管式冷凝器均没有储液功能，即不能兼有储液器的功能。

259. （　　） 空气冷却式冷凝器中内螺纹管的作用是，改变制冷剂流动状态和增大换热面积。

260. （　　） 热电膨胀阀是由制冷压缩机变频脉冲控制阀控开度，由此来提供相应的制冷剂量。

261. （　　） 热力学第二定律是描述热量的传递方向的：分子有规则运动的机械能可以完全转化为分子无规则运动的热能；热能却不能完全转化为机械能。

262. （　　） 辐射换热是指物体之间相互辐射和吸收过程的总效果。当物体的温度处于平衡时，则它们之间辐射和吸收的能量相等，处于热的动平衡状态。

263. （　　） 阈限值是空气中一种物质的浓度，时间加权平均阈限值（TLV-TWA）的定义是：对时间不确定时的连续暴露的极限值，按每天 8 小时每周 5 天来计算。

264. （　　） 载冷剂通常为液体，在传送热量过程中可以发生相变。也有些载冷剂为气体，或者液固混合物，如二元冰等。

265. （　　） 制冷剂-压焓图的纵坐标是绝对压力的对数值 LgP，图中所表示的数值是压力的绝对值，横坐标是比焓值 h。

266. （　　） 湿度的概念是空气中含有水蒸气量的多少。它有三种表示方法：即绝对湿度、含湿量和相对湿度，在空调工程中一般不用相对湿度。

267. （　　） 实验证明，空气中恒定组成部分的含量百分比，在离地面 100km 高度以内几乎是不变的。

268. （　　） 蒸汽加热器的蒸汽管路上设置疏水器，机械式疏水器是利用浮力原理开关，可以自动辨别汽和水。

269. （　　） 舒适性空调是从人体舒适感的角度来确定室内温、湿度设计标准，一般将空调精度定为 10%。

270. （　　） 二次回风式空调系统是一次回风式空调系统的优化系统，凡是一次回风式空调系统的调节方法都适用于二次回风式空调系统。

271. （　　）喷水室与表面式冷却器比较，表面式冷却器处理空气的功能要多于喷水室。

272. （　　）中央空调用的蒸汽加热器与热水加热器的区别之一，是热水加热器要加装疏水器。

273. （　　）电热式加湿器是利用浸入水中的大面积的电极作为端子，以水作为加热媒介，当电流经由水转移电能时，产生热量，使水沸腾产生蒸汽。

274. （　　）高效过滤器主要用于捕集 $0.015\mu m$ 以下的颗粒灰尘及各种悬浮物，作为各种过滤系统的末端过滤。

275. （　　）对于有洁净要求的诸如手术室、录音室、洁净厂房等环境系统，应采用微孔结构消声设备。

276. （　　）目视检查是对易于观察或能暴露检查的组成件、连接接头及其他管道元件的部分在其制造、制作、装配、安装、检查或试验之前、进行中或之后进行观察。

277. （　　）活塞式制冷压缩机曲轴箱内正常油位应在视孔上端；若有两个视孔的油位，则最高不得超过上视孔的 1/2，最低不得低于下视孔的 1/2。

278. （　　）在双效溴化锂制冷系统中，利用中间溶液进行蒸发浓缩溶液的设备是低压发生器。

279. （　　）溴化锂冷水机组长期停机保养应将蒸发器内的冷剂水全部旁通至吸收器，并使溶液均匀稀释，以防在环境温度下结晶。停机期间的保养方法，尚无统一规定，一般采用真空和充氮两种保养方法。

280. （　　）大型新风机组常为落地式，一般采用轴流风机，送风方式为压入式，均采用直接蒸发式换热器。

281. （　　）使冷热两种流体直接接触进行换热的换热器称为混合式换热器。

282. （　　）在一个流体系统，比如在气流、水流中，流速越快，流体产生的压力就越小，这就是被称为流体力学之父的丹尼尔·伯努利于 1738 年发现的"伯努利定律"。

283. （　　）R410A 是由 50% 的 R32（二氟甲烷）和 50% 的 R125（五氟乙烷）组成的混合物，属于近共沸制冷剂。

284. （　　）平面图上的状态点只有两个独立参数，所以湿度图常在一定总压力下，再选定两个独立参数为坐标制作。常见的有以含湿量和干球温度为坐标的 d-t 图和以焓和含湿量为坐标的 h-d 图。

285. （　　）道尔顿分压定律也称为道尔顿定律，描述的是湿空气的特性。

286. （　　）国外通常采用空气分布特性指标 ADPI 来评价房间的气流组织性能。该指标综合考虑了空气温度、气流速度和人的舒适度三方面的因素。

287. （　　）夏季空调室外计算干球温度采用历年平均不保证 100h 的干球温度；夏季空调室外计算湿球温度采用历年平均不保证 100h 的湿球温度。

288. （　　）空调器的蒸发温度越低，与室内空气的温差越大，则室内空气温度下降就越快。

289. （　　）风机盘管机组的进水冷水温度不应低于 2℃，否则可能会引起机组凝露；进水热水温度不应高于 90℃（常用 60℃），否则可能引起机组换热器的铜管腐蚀。

290.（　　）喷水室的后挡水板作用是防止水滴溅到喷水室之外，同时也起到使空气均匀分布的作用，所以又称为均风板。

291.（　　）在电加热器上安装温控器、熔断器，可以用来控制风道空气温度超温和无风的情况下工作；并且要求必须在风机运转的条件下才能开启电加热器。

292.（　　）初效过滤器主要适用于空调与通风系统初级过滤、洁净室回风过滤、局部高效过滤装置的预过滤，主要用于过滤 5μm 及以上粒径的尘埃粒子，使用计重法测试。

293.（　　）多腔压力容器（如换热器的管程和壳程）按照类别低的压力腔作为该容器的类别并且按该类别进行使用管理。

294.（　　）抽样检查、检测或试验的管道组成件，若有一件不合格，允许按原规定数量加倍抽样进行检查、检测或试验。若仍有不合格，则再加倍抽样处理。

295.（　　）在典型双螺杆式制冷压缩机中，阳螺杆上除装设止推轴承外，还增设油压平衡活塞，以减轻阳螺杆对滑动轴承端面的负荷，减轻止推轴承所承受的轴向力。

296.（　　）在离心式制冷机组运行后的长期停机状态中，如果环境温度高于 15℃，则油加热器可不必通电加温。

297.（　　）大中型空调用氟利昂螺杆式制冷压缩机组的半满液式蒸发器，供液用的节流装置绝大部分是内平衡膨胀阀。

298.（　　）吊顶冷风机的特点是：盘管多以错排方式布置，传热效率高，通过机械胀管将铝翅片套在铜管上连接牢靠，换热效果好。

299.（　　）由于离心式制冷机组制冷量很大，因此不采用风冷式冷凝器。

300.（　　）热力膨胀阀的感温包内感温工质泄漏后，制冷系统故障表现在吸气压力略有降低。

参 考 文 献

[1] 宋友山．中央空调系统操作员[M]．北京：机械工业出版社，2011．

[2] 张祉祐．制冷与空调设备使用维修手册[M]．北京：机械工业出版社，1997．

[3] 韩雪涛．图解中央空调安装、检修及清洗完全精通(双色版[M])．北京：化学工业出版社，2014．